隧道施工技术系列丛书

城市地下工程渗漏水病害快速检测与高效治理工程实践

郭 飞 姜 瑜 王文正 张丽丽 著

中国建筑工业出版社

图书在版编目（CIP）数据

城市地下工程渗漏水病害快速检测与高效治理工程实践 / 郭飞等著. -- 北京 : 中国建筑工业出版社, 2025. 5. -- (隧道施工技术系列丛书). -- ISBN 978-7-112-31141-5

Ⅰ. TU94

中国国家版本馆 CIP 数据核字第 2025AE1096 号

责任编辑：刘颖超　李静伟

责任校对：张　颖

隧道施工技术系列丛书

城市地下工程渗漏水病害快速检测与高效治理工程实践

郭　飞　姜　瑜　王文正　张丽丽　著

*

中国建筑工业出版社出版、发行（北京海淀三里河路 9 号）

各地新华书店、建筑书店经销

国排高科（北京）人工智能科技有限公司制版

北京君升印刷有限公司印刷

*

开本：787 毫米 × 1092 毫米　1/16　印张：13　字数：288 千字

2025 年 5 月第一版　　2025 年 5 月第一次印刷

定价：**69.00** 元

ISBN 978-7-112-31141-5

（44815）

版权所有　翻印必究

如有内容及印装质量问题，请与本社读者服务中心联系

电话：（010）58337283　　QQ：2885381756

（地址：北京海淀三里河路 9 号中国建筑工业出版社 604 室　邮政编码：100037）

FOREWORD
前　言

在城市化进程加速的今天，城市地下空间开发已成为解决土地资源紧缺、提升城市韧性的核心战略。地铁、综合管廊、地下商业体等大型工程如雨后春笋般涌现，然而渗漏水问题始终是困扰地下工程安全运营的"阿喀琉斯之踵"。据统计，全球约60%的地下工程在运营10年内出现不同程度的渗漏，轻则腐蚀结构、降低耐久性，重则引发地层沉降、设备短路甚至坍塌事故。这一顽疾不仅威胁城市生命线系统的可靠性，更暴露出传统检测方法与治理技术的局限性。如何在复杂地质条件与隐蔽工程结构中实现渗漏水病害精准定位？如何开发兼具长效性、环保性与智能响应能力的治理材料与技术？这些问题亟待系统性突破。

本书的创作源于对城市地下工程渗漏治理领域"技术断层"的深刻反思。当前，行业面临三重矛盾：检测精度与效率的失衡——传统目视检查与人工巡检依赖经验且效率低下，而激光扫描检测、红外热成像等技术尚未形成标准化应用体系，尚未在行业内普及，导致部分渗漏点未能及时发现，影响了治理工作的有效性；材料过度开发与性能评价方法的冲突——渗漏治理材料过度开发，导致产品质量参差不齐，并没有成熟的性能测试标准来规定市场上的产品，大部分厂家仅通过工程经验和定性的办法进行主观评价，造成了反复治理的现象；单一治理与全协同综合治理的割裂——城市地下工程渗漏治理施工应是一项系统性工程，不是仅仅依靠工人经验、高性能治理材料或者治理技术就能解决渗漏问题，保证地下工程的安全耐久性，亟需提出基于体系、结构、要素的渗漏全协同、综合治理新理念，建立基于分级评价和治理方案设计的综合治理新方法，通过新设备、新材料、新工艺和新的施工组织模式形成综合治理新技术，并建立行业内缺乏的统一的治理标准和验收标准，才能从根本上科学、有效、快速地解决地下工程渗漏问题。破解这些矛盾，需要融合材料科学、岩土工程、智能传感与大数据分析等多学科前沿成果，构建从理论到实践的完整技术链条。

全书以"问题导向—机理剖析—技术研发—工程赋能"为逻辑主线，共分为 5 章：第 1 章调研城市地下工程渗漏水检测技术、治理材料、治理技术的研究现状，分析总结现阶段渗漏水病害检测与治理面临的主要难题；第 2 章解析渗漏成因，并对渗漏水病害进行分类及统计；第 3 章系统阐述三维激光扫描、探地雷达、红外热成像无损智能检测技术的原理与应用；第 4 章聚焦结构迎水面和结构背水面新型治理材料的研发与性能评价；第 5 章阐述结构背水面和迎水面治理施工工艺，并通过典型工程实证案例，验证全协同综合技术体系的适用性。

本书面向地下工程设计、施工、运维单位的技术人员，土木工程高校师生，以及城市基础设施管理者。本书突出实用性、先进性、可操作性，理论叙述从简，侧重于用典型工程实例与试验数据说明问题，全书结构严谨、数据详实可靠、信息量大、图文并茂。需要特别说明的是，渗漏水治理是动态演进的交叉学科领域。随着智能传感器成本的降低、环保政策的趋严以及新材料研发的突破，书中部分技术细节可能在未来 5 年内迭代升级。但本书构建的理论框架与方法论体系，将持续为行业提供底层逻辑支持。我们坚信，通过材料、技术与系统的协同创新，地下工程渗漏治理将从"被动抢险"迈入"智慧免疫"的新纪元。

本书出版发行能为我国城市地下工程渗漏水病害快速检测与高效治理提供理论和实践指导，编制谨以此书献给所有为城市地下空间安全奋斗的同行者，愿我们共同以科技之力，筑牢城市发展的"地下长城"。由于编者水平有限，文中不妥之处在所难免，敬请读者批评指教。

目 录 CONTENTS

第1章 绪 论 / 1

1.1 城市地下工程渗漏水检测技术研究现状 / 2
- 1.1.1 三维激光扫描渗漏水检测技术 / 2
- 1.1.2 红外热成像渗漏水检测技术 / 3
- 1.1.3 地质雷达渗漏水检测技术 / 4

1.2 城市地下结构渗漏水治理材料研究现状 / 5
- 1.2.1 结构背水面渗漏水治理材料现状 / 5
- 1.2.2 结构迎水面渗漏水治理材料现状 / 9

1.3 城市地下结构渗漏水治理技术研究现状 / 13
- 1.3.1 基本原则 / 13
- 1.3.2 排水治理方法 / 13
- 1.3.3 堵漏治理方法 / 13
- 1.3.4 涂料及卷材防水治理方法 / 14

1.4 城市地下结构渗漏水注浆治理研究现状 / 16
- 1.4.1 防渗堵漏 / 17
- 1.4.2 加固补修 / 17
- 1.4.3 注浆方法 / 18

1.5 当前研究存在的不足 / 20

1.6 本书主要内容 / 22

参考文献 / 22

第 2 章 城市地下工程渗漏水病害分类及成因分析 / 25

2.1 城市地下工程渗漏水病害成因分析 / 25

    2.1.1 外部环境因素 / 25

    2.1.2 结构自身因素 / 27

    2.1.3 设计因素 / 28

    2.1.4 施工因素 / 29

    2.1.5 运营维护阶段因素 / 32

2.2 城市地下工程渗漏水病害分类及统计 / 33

    2.2.1 渗漏水病害分类 / 33

    2.2.2 渗漏水病害统计 / 36

2.3 本章小结 / 42

第 3 章 城市地下工程渗漏水快速检测与评价研究 / 43

3.1 三维激光扫描渗漏水检测技术研究及应用 / 44

    3.1.1 灰度图生成 / 44

    3.1.2 图像噪声分类和去噪处理方法 / 48

    3.1.3 算法识别 / 53

    3.1.4 开源网络算法对比试验 / 58

    3.1.5 工程应用实践 / 60

3.2 红外热成像渗漏水检测技术研究及应用 / 66

    3.2.1 红外热成像检测原理 / 66

    3.2.2 基于红外热成像技术的渗漏水检测分析方法及流程 / 67

    3.2.3 红外热成像模型试验设计 / 69

    3.2.4 红外热成像渗漏水识别技术研究 / 70

    3.2.5 工程应用 / 72

3.3 探地雷达渗漏水检测技术研究及应用 / 74

    3.3.1 探地雷达渗漏水检测原理 / 74

    3.3.2 结构背后病害的雷达特征分析 / 74

        3.3.3 渗漏水病害的正演模拟 / 75
        3.3.4 结构背后病害识别与属性划分 / 76
        3.3.5 工程应用 / 78

    3.4 本章小结 / 79

第 4 章 城市地下工程渗漏水治理材料及性能评价 / 81

    4.1 改性丙烯酸盐注浆材料 / 82
        4.1.1 样品制备方法 / 83
        4.1.2 吸水倍率 / 83
        4.1.3 凝胶时间 / 93
        4.1.4 凝胶与混凝土粘结性能 / 95
        4.1.5 凝胶与凝胶交界面粘结和自愈合性能 / 99
        4.1.6 交界面微观形貌分析 / 100

    4.2 水性聚氨酯注浆材料 / 101
        4.2.1 化学组分选择 / 102
        4.2.2 样品制备方法 / 104
        4.2.3 封堵剂的红外光谱图 / 106
        4.2.4 NCO 含量对水性聚氨酯封堵剂性能的影响 / 107
        4.2.5 纯 MDI 体系和纯 PTDI 体系封堵剂性能对比 / 108
        4.2.6 PTDI 用量对水性聚氨酯封堵剂性能的影响 / 109
        4.2.7 MDI 用量对固结体性能的影响 / 111
        4.2.8 异氰酸酯挥发性能 / 112
        4.2.9 溶剂用量对封堵剂性能的影响 / 113
        4.2.10 用水量对封堵剂发泡程度的影响 / 114
        4.2.11 固结体收缩性能 / 115

    4.3 高强度改性环氧树脂注浆材料 / 115
        4.3.1 化学组分选择 / 116
        4.3.2 样品制备方法 / 117
        4.3.3 性能及表征测试 / 118
        4.3.4 有机硅掺量的选择 / 120
        4.3.5 固化剂掺量的选择 / 123

  4.3.6 糠醛—丙酮混合稀释剂掺量的选择 / 125

  4.3.7 促进剂掺量的选择 / 127

  4.3.8 抗水分散性 / 128

  4.3.9 接触角 / 129

4.4 有机-无机复合注浆材料研制 / 129

  4.4.1 丙烯酸盐、水泥、粉煤灰复合材料制备 / 130

  4.4.2 浆液的凝胶时间 / 130

  4.4.3 结石体抗压强度 / 131

  4.4.4 抗分散性 / 133

  4.4.5 强度形成机理 / 135

4.5 改性聚脲喷涂材料 / 136

  4.5.1 改性聚脲材料组成设计 / 136

  4.5.2 改性聚脲材料的合成 / 138

  4.5.3 蓖麻油多元醇含量对聚脲性能的影响 / 143

  4.5.4 扩链剂摩尔比对聚脲机械性能的影响 / 144

  4.5.5 硬段含量对改性聚脲机械性能的影响 / 146

  4.5.6 差示扫描量热法（DSC）测试 / 147

  4.5.7 动态力学性能（DMA）测试 / 149

  4.5.8 扫描电子显微镜（SEM） / 151

  4.5.9 热失重分析（TG） / 152

  4.5.10 耐腐蚀性能测试 / 154

4.6 本章小结 / 155

第 5 章 城市地下工程渗漏水治理施工工艺研究 / 157

5.1 注浆治理施工工艺 / 157

  5.1.1 施工准备工作 / 157

  5.1.2 基于不同结构部位的注浆施工工艺研究 / 161

  5.1.3 基于不同工程类型的注浆施工工艺研究 / 169

5.2 聚脲喷涂施工工艺 / 176

  5.2.1 聚脲材料防护模型 / 177

5.2.2 聚脲材料施工工艺 / 181

5.2.3 高耐久性新型聚脲材料技术指标 / 183

5.3 工程应用 / 183

5.3.1 北京地铁某车站和区间渗漏注浆工程 / 183

5.3.2 北京地铁八通线管庄站地下通道渗漏注浆工程 / 187

5.3.3 北京地铁 16 号线 20 标盾构区间渗漏注浆工程 / 188

5.3.4 北京地铁 8 号线车站渗漏注浆工程 / 189

5.3.5 北京坝河地下热力管廊渗漏治理工程 / 191

5.3.6 太原地铁 1 号线渗漏水治理工程 / 193

5.4 本章小结 / 196

第 1 章

绪 论

随着我国城镇化进程推进，城市地面空间资源日益匮乏，城市发展空间由地面及上部空间向地下延伸，以填补、实现城市功能需求已成共识。我国地下交通干线、地下市政管廊、地下商城和地下停车场等工程建设发展迅猛，以北京市为例，地下空间建设面积每年新增约 300 万 m^2，占总建设面积的 10%。大力开展地下工程建设，是城市发展的必然趋势，尤其是地铁运输，具有占地空间最少、环境污染最小、运输能量最大、运行速度最快、乘客最安全舒适等特点，对缓解和改善交通紧张状况的优势日益彰显。为缓解城市交通和拉动内需，我国各大城市正处于大规模地铁建设高潮，地铁在建或已通车运营的城市有北京、上海、广州、深圳、南京、天津、杭州、成都、苏州、沈阳、西安、青岛等。

但由于环境的特殊性，地下工程极易发生渗漏水病害，导致城市事故频发，在北京市技术质量司法鉴定中心承接的案件中，有关结构渗漏水案件高达 35%；其中由于结构渗漏水、基底涌水导致的地铁施工事故比例高达 56%。例如：2010 年 7～9 月雨季期间，北京地铁 10 号线，22 个站点中，90%存在渗漏或地面有湿渍的情况，严重影响市民出行及市容；2011 年 8 月 22 日下午，南京地铁 2 号线下马坊站附近 200m 隧道内发生轨道隆起涌水，造成列车停运数日。据统计我国新建和现有的地下工程的渗漏率多年来居高不下，不少地区的渗漏率高达 60%以上，有一些地方甚至达到 90%。长期大量的渗漏水轻则引起路面积水、铁轨损坏、钢筋锈胀、混凝土劣化，加快建筑老化，降低建筑寿命，危害建筑安全；重则直接危害行人及行车安全，不仅造成能源和资源的浪费，更影响建筑业形象提升与和谐社会建设。渗漏水是影响轨道交通隧道等地下结构质量、威胁运营安全的重要因素，相较于建设过程中出现的垮塌等建筑事故，地下渗漏水对建筑工程的侵蚀是缓慢的，对人民生命及财产安全的潜在威胁更大，但其治理难度大、易反复，给建设、施工、运维等各方带来较大的压力。

渗漏水问题涉及多种地下工程全寿命安全维护，严重影响国民经济运行和人民生活质量提升，并且随着工程规模增大及服役年限增加日益严峻。以北京为例，随着南水北调工程中线开通，近年来大部分结构完全浸入地下水，68.4%的隧道处于地下水位以下，结构渗漏点由 2019 年的 1879 处增至 2022 年的 6275 处，并且具有进一步上升的趋势。可以预见，开展渗漏水安全高效治理技术研究对未来地下工程运营维护以及建养并重建设至关重要，特别是在地下工程建设取得了空前增长但渗漏危害却日益严重的时期。如何选择更趋于合理、耐用和经济的渗漏水治理材料和技术是工程技术人员应该深思熟虑的问题，也是当前行业面临的重大难题。本章概述总结了我国城市地下工程渗漏水检测及治理技术现状与发展趋势。

1.1 城市地下工程渗漏水检测技术研究现状

传统的隧道渗漏水检测技术最常用及准确率较高的为人工巡检的方式，借助雷达等仪器进行简单测量。传统检测方法需要大量的专业检测人员，对检测人员的专业度要求较高；检测需在有限的天窗时间内开展，而地铁的天窗时间短，一次检测获取的数据少，只能抽样检测，难以获取全部的病害信息。传统检测方式一般需要4名专业检测人员组成一组进行检测，即：一人使用手电筒进行照明，一人进行拍照留档，一人负责检测，一人对检测结果和位置进行记录。在正常检测速度下，检测完一个区间段上下行的时间在3~4h；现场人员检测完后，还需要对检测数据进行统计和整理，这样完成一个区间段的检测时间在1d左右。传统检测方式效率低，检测结果不够准确，耗费大量的人力、物力和财力。因此，需要采用新的仪器和处理数据的方法，从而克服传统方法的缺点，实现高效率、更精准的检测。而红外热成像技术、三维激光扫描技术、探地雷达技术均无光线需求，更能适用于运营期地下工程环境，同时还具有扫描速度快、非接触测量、高精度采集三维坐标信息以及不需要布设控制点和观测点等优点。

1.1.1 三维激光扫描渗漏水检测技术

见图1.1-1，三维激光扫描技术基本原理是激光测距原理，即根据激光往返的时间，结合激光的速度角度来判断测点与被测点的矢量距离。毛方儒等[1]详细地介绍了三维激光扫描与普通技术的测绘差距，三维激光扫描是对整体上各点的坐标进行扫描，而不是仅仅针对某一点位。这就意味着需要对测量单元进行整体全面的坐标测量与收集，即对目标进行从上到下或者从左到右的步进式扫描测量，从而得到测量目标的全面而连续的坐标数据，这些数据也称作"点云"。有了这些点云就可以描绘出目标的原形，重建目标的三维，继而通过对重建的三维图像的处理进行隧道检测。

史增峰[2]使用架站式三维激光扫描仪结合MATLAB软件验证了在隧道渗漏水中的应用可行性。吴勇等[3]使用移动式三维激光扫描仪GRP5000对运营中的隧道进行了扫描测试，结合配套软件进行了隧道椭圆度、裂缝、渗漏

图1.1-1 三维激光扫描渗漏水检测

水的识别和标注。吴昌睿、黄宏伟[4]利用移动式三维激光扫描仪 GRP5000 扫描得到的点云图像，二值转化将点云转换为灰度图像，采用图像处理算法实现隧道渗漏水病害的自动识别和特征统计，可以得到渗漏水的位置和面积信息。HUANG H W[5]使用 MTI-200a 移动式三维激光扫描仪进行图像采集，利用 FCN 全卷积网络进行了裂缝和渗漏水的识别，识别结果优于常用的区域生长算法（RGA）和自适应阈值算法（ATA）。ZHAO S[6]利用卷积神经网络（Mask R-CNN）算法进行了隧道内泅湿区域的识别，结果表明计算时间略优于 FCN 算法。REN Y[7]使用全卷积网络和膨胀函数进行了隧道裂缝图像的识别，与其他卷积网络进行对比，结果优于现存的 CNN 网络计算结果。XIONG L[8]提出了一种新的深度学习算法对隧道渗漏水进行了识别，将新算法与已存在的 RGA、WA、Otsu 算法进行对比，结果表明，计算时间和精度优于现存算法。高新闻等[9]研制了无人病害巡检车，并提出了基于 FCN 与视场柱面投影算法渗漏水面积检测算法，提高了隧道病害的检测精度。

1.1.2 红外热成像渗漏水检测技术

见图 1.1-2，红外探测技术的原理是根据物质的热辐射来检测。世界上的物体只要温度比绝对零度高，就会产生红外辐射。而红外辐射的性质又与物质的温度和辐射率有关，因此可以收集被探测目标与其所处背景环境的红外辐射强度差异，并将其转换成相应的电信号，来获取背景环境信息，最终进行检测判断。

图 1.1-2 红外热成像渗漏水检测

红外探测技术在隧道工程中的应用主要集中于探水及探火。田荣等[10]分析了红外探测技术在隧道工程中的应用，该技术可以探测出隧道周边隐含的含水构造，但是对于地下的水压、水质、水量等信息无法探测。吕乔森等[11]使用红外探水仪在大广南高速公路长乐山隧道工程中进行了实践，并且研究了几种不同干扰场下的分析方法，结果证明了该仪器在岩溶隧道中对水体预报的准确性。豆海涛等[12]进行了红外探测仪在隧道渗漏水检测方面的研究，对不同工况衬砌下的渗漏水情况进行了模拟，总结了渗漏水的辐射特征在不同因素下的变化规律，为红外探测技术对渗漏水的检测提供了更好的依据和分析方法。吴杭彬、王烽人等[13,14]利用红外热像法进行了隧道渗漏水的检测，根据渗漏水区与干燥区域的温度差，在红外热像中识别渗漏水区域及计算其面积。红外热成像技术能对隧道中渗漏水区域进行识别,但无法准确识别渗漏水区域的位置,且获取的面积信息较为模糊。

1.1.3 地质雷达渗漏水检测技术

见图 1.1-3,探地雷达(Ground Penetrating Radar,GPR)法是地下工程中较为常用的一种检测技术,主要是利用电磁波在各种材料的介电常数的差异来检测和辨识病害。电磁波在遇到不同的介质界面时会生成反射波和透射波,反射波和透射波的属性与界面两边的不同介电常数有关,因此主要是通过提取反射波信号特征进行病害识别。与介质相关的物理参数有介电常数、电导率、传播速度、衰减系数。不同介质有着不同的衰减系数和反射系数,因此反射波的振幅、相位等就体现了各介质层之间的界面。通过分辨反射波的各种属性,可以对各层进行判断,并且可以根据传播速度来判断各层的厚度。同时,当衬砌质量出现缺陷或者空洞时,反射波也会发生相应的变异[15,16]。

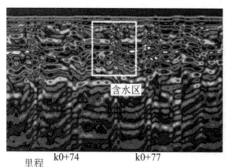

图 1.1-3 探地雷达渗漏水检测

程姝菲等[17]根据混凝土渗水区域温度与导电性的变化,提出一种长期检测地铁隧道渗漏水检测方法,但该方法由于检测点数有限、无法获取渗水区的面积等缺点,不能够满足地铁隧道渗漏水检测要求。雪彦鹏等[18]利用地质雷达与水质检测确定了隧道结构背后渗漏水分布与成因,为渗漏水检测与处治提供参考。许献磊等[19]基于探地雷达技术,利用核匹配追踪算法提高隧道结构背后脱空及渗漏水病害检测精度,然后根据雷达回波的特征建立了病害属性划分表。周黎明等[20]很早就介绍了 GPR 的检测原理和相关的探测精度和深度的根源,并对实际效果进行了讨论。刘敦文等[21]还在此基础上介绍了探地雷达的波速计算、图像处理、衬砌厚度计算等问题。ZHANG F 等[22]使用 GPR 技术,对上海的一个盾构隧道进行注浆分布的检测,结果表明了该方法的有效性。舒志乐等[23]研究了如何将 GPR 收集到的三维数据可视化,并相应地研究了空洞在不同剖面上的图谱特性,证明了 GPR 在探测隧道衬砌的空洞和密实性的能力,并且具有较高的准确性。李术才等[24]运用山东大学自主研制的雷达数据处理软件——全空间地质雷达处理解释系统 1.0(FSG-PRP1.0),对岩溶隧道的地下水进行了有效探测。娄健[25]在运用逆时偏移算法编制的软件,能够准确定位钢筋位置并给出其钢筋间距和保护层的厚度,提高了 GPR 对钢筋的检测精度。

1.2 城市地下结构渗漏水治理材料研究现状

国内地下工程渗漏水治理方法有结构背水面和结构迎水面治理技术,见图 1.2-1。对于结构背水面,主要采用铺设防水板/防水卷材,喷涂防水膜等方式,但该治理方法存在相容性差、附着力差、耐久性差等缺陷,尤其是地下富水地区工程,很少能做到结构不漏水、不渗水,此类方式主要用于结构防水或与其他渗漏水治理方法配合使用。对于结构迎水面,则主要采用注浆法,即用压送设备将注浆材料灌入地层或裂缝内,固化后堵塞渗漏通道。其对整体结构的破坏程度较低,被广泛应用。随着注浆治理技术的发展,市场上各种注浆堵漏材料也应运而生。但由于渗漏水治理材料开发随意性和盲目性大,并且没有高效、实时的手段把控施工原料的品质,造成了"年年修,年年漏"的现象。

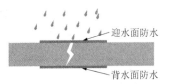

图 1.2-1 渗漏水治理方法

此外,由于渗漏水治理过程的隐秘性和复杂性,浆液注入地层后的扩散过程和规律难以展示,并且注浆材料理化性质在地下水流环境下存在时变性,地下水不同流速、流向、流动方式都会对浆液扩散和封堵产生不利影响。同时裂隙所在地层情况、孔隙分布情况、注浆压力、注浆流量等因素都影响注浆封堵效果。目前,国内注浆模拟试验的研究非常薄弱,致使施工缺乏正确的理论指导,许多工程仅凭经验进行,无法评价注浆后止水的效果,造成材料大量浪费、工时拖延和治理效果差等现象。

1.2.1 结构背水面渗漏水治理材料现状

从结构背水面出发,采用喷涂防水膜、粘贴防水卷材的方式治理渗漏水,主要选用的是建筑防水材料。建筑防水材料的发展经历了刚性防水材料(细石混凝土)、防水卷材(沥青类卷材、高聚物改性沥青卷材、合成高分子卷材)及防水涂料三个阶段,其各自的性能特点如下。

1)细石混凝土:结构简单,造价经济,施工和维修方便,易开裂,对温度变化和结构变化较为敏感,施工技术要求较高。

2)防水卷材:防水卷材分为沥青卷材、高聚物改性沥青卷材及合成高分子卷材。

(1)沥青卷材:低温柔韧性差,温度敏感性强,在大气作用下容易老化,耐防水、耐用年限短(表 1.2-1)。

沥青卷材特点及适用范围　　　　表 1.2-1

卷材名称	特点	适用范围
玻璃布沥青油毡	拉伸强度高,胎位不易腐烂,柔韧性好,耐久性比纸胎油毡提高 1 倍以上	多用作纸胎油毡的增强附加层和突出部位的防水层
玻璃毡沥青油毡	耐水性、腐蚀性、耐久性好,柔韧性优于纸胎沥青油毡	常用作屋面或地下防水工程

续表

卷材名称	特点	适用范围
黄麻胎沥青油毡	拉伸强度高，耐水性好，但胎体材料易腐朽	常用作屋面增强附加层
铝箔胎沥青油毡	阻隔蒸气渗透能力、防水功能好，有一定的拉伸强度	适用于隔汽层

（2）高聚物改性沥青卷材（表1.2-2）

高聚物改性沥青卷材特点及适用范围　　　　　　表1.2-2

卷材名称	特点	适用范围
SBS改性沥青防水卷材	耐高温、低温性能得到改善，弹性和耐疲劳性明显改善	单层铺设屋面防水或复合使用，适宜用于寒冷地区和结构变形频繁的防水
APP改性沥青防水卷材	拉伸强度、伸长率、耐热性、耐紫外线及老化性能良好	单层铺设，适用于紫外线辐射较强及炎热地区的屋面
PVC改性焦油防水卷材	耐热性、耐低温性良好	冬季冰点以下施工
再生胶改性沥青防水卷材	有一定的拉伸率和防腐蚀能力，低温柔韧性较好，价格低	变形较大或档次较低的防水工程
废橡胶粉改性沥青防水卷材	比普通石油沥青纸胎油毡的拉伸强度、低温柔韧性都好	宜在寒冷地区一般屋面防水使用
铝箔橡塑改性沥青防水卷材	综合性能好、水密性、耐候性、耐老化性、低温柔韧性好，有保温层作用	工业或民用建筑屋面的单层外露防水

（3）合成高分子卷材（表1.2-3）

合成高分子卷材特点及适用范围　　　　　　表1.2-3

卷材名称	特点	适用范围
三元乙丙橡胶防水卷材	防水性能优异，耐候性、耐臭氧性、耐化学腐蚀性好，弹性和拉伸强度高，对基层开裂适应性强，相对密度小，适用范围宽，寿命长，价格高	防水要求高，防水层耐用年限要求较长的工业或民用建筑，单层或复合使用
丁基橡胶防水卷材	耐候性、耐油性较好，拉伸强度、伸长率高	单层或复合使用于要求较高的防水工程
氯化聚乙烯防水材料	耐候性、耐臭氧性、耐老化性、耐油性、耐化学腐蚀及撕裂性良好	单层或复合使用，宜用于紫外线辐射强的炎热地区的防水工程
氯化聚乙烯-橡胶共混防水卷材	具有氯化聚乙烯的性能之外，还具有橡胶的特性	适用于寒冷地区或变形较大的防水工程
聚氯乙烯防水卷材	耐老化性能好，拉伸强度、撕裂强度、拉伸率高，原料丰富，价格低廉，容易粘结	单层或复合使用于外露或有保护层的防水工程
三元乙丙橡胶-聚乙烯共混防水卷材	弹性防水材料，耐臭氧、耐老化性能好，寿命长，低温柔韧性好，可在冰点以下施工	单层或复合外露层防水，宜在寒冷地区使用

3）防水涂料

防水材料是防水工程的物质基础，是保证建筑物与构筑物防止雨水侵入、地下水等水分渗透的主要屏障，防水材料的优劣对防水工程的影响极大，因此必须从防水材料着手来研究防水的问题。

虽然我国防水材料行业发展较早，但长期以排水为主，防水采用刚性防水材料，20世纪40年代才开始采用柔性防水材料和刚柔结合的防水材料。一直到20世纪80年代，真正的新型建筑防水材料产业才开始发展。发展至今，我国新型建筑防水材料产业经历了初创期（20世纪80年代至2000年前后）、成长期（2000—2015年）、成熟期（2015年至今）三个发展阶段。近年来，伴随着社会科技的发展，新型防水产品及其工程应用技术发展迅速，并朝着由多层向单层、由热施工向冷施工的方向发展。

建筑防水材料作为建筑物的围护结构，用于防止雨水、雪水、地下水渗透及空气中的湿气、蒸气和其他有害气体与液体侵蚀建筑物的材料。防水材料有多种分类方法，比较常见的是将防水材料按其属性和外观形态分为刚性防水材料、柔性防水材料。刚性防水材料是指以水泥、砂石为原材料，或其内掺少量外加剂、高分子聚合物等材料，通过调整配合比，抑制或减小孔隙率，改变孔隙特征，增加各原材料界面间的密实性等方法，配制成具有一定抗渗透能力的水泥砂浆混凝土类防水材料。刚性防水由于温差应变，易开裂渗水。柔性防水材料，多为沥青、油毡等有机材料，包括常用的防水卷材、防水涂料、密封胶等。其中防水卷材包括聚合物改性沥青卷材和合成高分子卷材两个主要类别；防水涂料依照主要成分的不同，可分为溶剂型涂料和水性涂料两大类别。SBS/APP卷材是高聚物改性沥青防水卷材，在防水材料中占比36%，应用较广，其次是防水涂料占比26%，自粘卷材、高分子卷材分别占比23%、11%。柔性防水材料拉伸强度高、延伸率大、质量轻、施工方便，但操作技术要求较严，耐穿刺性和耐老化性能不如刚性材料，易老化，寿命短。

国内最早的现代建筑防水材料是起源于欧洲的沥青油毡，典型如沥青油毡类防水卷材。直到20世纪80年代开始引进国外先进设备与技术，开发出改性沥青防水卷材、高分子防水卷材、防水涂料等多种新型建筑防水材料。在政策的积极引导下，2005—2021年沥青油毡类传统防水材料产量占比从46%降至6%，新型防水材料占比从54%升至94%，其中自粘聚合物改性沥青防水卷材、防水涂料占比显著提升。受防水材料原料研发、技术方法、结构研究等方面要素的影响，当前防水材料依旧存在许多不容忽视的短板与薄弱环节，阻碍了防水材料整体应用水平的提升。

聚脲材料是国外近十年来，继高固体涂料、水性涂料、辐射固化涂料、粉末涂料等低（无）污染涂装材料之后，为适应环保需求而研制、开发的一种新型无溶剂、无污染的绿色材料，其主要原料是美国Texaco/Huntsman公司首先开发的端氨基聚氧化丙烯醚（端氨基聚醚），由端氨基聚醚、液态胺扩链剂、颜料、填料以及助剂组成色浆B组分，另一组分则由异氰酸酯与低聚物二元醇或三元醇反应制得A组分。由A组分与B组分通过专用喷涂设备现场快速反应喷涂而成。

聚脲原料体系不含溶剂、固化速度快、工艺简单，可很方便地在立面、曲面上喷涂十几毫米厚的涂层而不流挂。全面突破了传统环保型涂装技术的局限。聚脲疏水性极强，对环境湿度不敏感，甚至可以在水（或者冰）上喷涂成膜，在极端恶劣的环境条件下可正常施工，表现特别突出。其主要性能特点可以总结如下：

（1）不含催化剂，固化快，5s凝胶，1min达到步行强度。可在任意曲面、斜面及垂直上喷涂成形，复杂曲面不流挂。

（2）对温度和水分不敏感，施工时受环境温度、湿度影响小。硬度可调节的范围大（弹性体/刚性体）。

（3）100%固含量，零VOC，对环境友好，无污染施工，卫生施工，无害使用。

（4）热喷涂或浇注，一次施工厚度范围可从数百微米到数厘米，克服多层施工的弊病。

（5）优异的物理性能，如抗张抗冲击强度、伸长率高、耐介质、耐磨、抗冲击、防湿滑、耐老化、防腐蚀等。

（6）原形再现性好、涂层致密、无接缝，形成皮肤式结构，美观实用耐久，防水、防腐效果极佳。

（7）具有良好的热稳定性，可在120℃下长期使用，可承受350℃的短时热冲击。耐候性好，脂肪族体系户外可长期使用。

（8）具有良好的粘结力，可在钢材、木材、混凝土等任何底材上喷涂成形。使用成套设备施工，效率极高；一次施工即可达到设计厚度要求，设备配有多种切换模式，既可喷涂，也可浇挂，并可通过施工工艺控制达到防滑效果。单机日施工1000m^2以上。

聚脲涂料的出现，打破了以往涂层保护领域环氧、丙烯酸、聚氨酯一统天下的局面，为工程界提供了一种非常先进、实用的技术。特别是它对高水分、高湿度环境的容忍度，深受户外施工者的称道，因此得以在国内外大型基础设施工程中广泛应用。近年来，国内不少重点基础设施工程选用了聚脲涂料。

美国聚脲发展协会曾做过一个调查，结果表明：60%聚脲材料应用于混凝土防护，5%应用于屋面防水工程。而混凝土防护工程中大部分应用是混凝土防水，包括高速公路防水、隧道防水、建筑防水、水池防水等，也包括一些含有腐蚀介质的混凝土底材的防水应用，如污水处理池等。聚脲材料防水涂料具有优异的物理性能、防水性能和施工性能，将为我国未来的大型基础设施建设，如高速铁路、南水北调、地铁、隧道、水利工程等高难度防水工程，提供一种先进的防水材料和方便快捷的施工方法。

聚脲材料防水涂料比传统的橡胶防水板和防水涂料更适合在隧道工程中应用。美国波士顿地铁隧道和中国香港地铁隧道、上海外滩隧道、广州地铁3号线等均使用了聚脲作为防水层。见图1.2-2，波士顿地铁隧道为双孔钢筋混凝土沉管式隧道。由于混凝土采用钢模整体浇注工艺，所以混凝土表面存在大量的孔洞等表面缺陷。正确的底材处理是保证工程质量的关键步骤，底材处理主要包括打磨表面的毛刺及突起物并填补孔洞，然后在钢板和混凝土底材上分别使用不同的配套底漆。底漆干燥后喷涂厚度2.5mm的灰色芳香族聚脲防水层，最后再施工一道 75mm 厚的水泥砂浆保护层。

图 1.2-2 波士顿地铁隧道

美国北卡罗来纳州的高速公路隧道是聚脲防水工程的又一成功案例（图 1.2-3）。该隧道为修筑在岩石上的混凝土。由于存在渗漏问题，导致基础结构逐渐老化、电气线路容易短路，长时间的腐蚀甚至会导致岩石滑塌的危险。通过广泛调研，州政府决定使用聚脲对隧道进行修复，这主要基于聚脲具有防水好、耐老化、附着力好、可低温施工等优点。施工后的聚脲材料好，混凝土接缝处不易渗漏。在 1.25mm 厚的浅黄色聚脲表面再滚涂施工 0.4mm 厚的脂肪族聚脲，从而形成一个光滑的表面，有利于高速公路今后的清洁和保养。

2005 年，正在建设的广州地铁 3 号线的隧道（图 1.2-4）局部使用了聚脲材料防水涂料进行了防水处理。施工底材为喷射成形的混凝土，表面比较粗糙。施工前先刷涂一道配套底漆，可以提高附着力，并可以有效减少针孔的产生。底漆干燥后喷涂 1.5mm 厚的聚脲，施工后的防水材料厚度均匀、不流挂、无接缝，受到甲方的高度评价。

图 1.2-3 北卡罗来纳州的高速公路隧道　　图 1.2-4 广州地铁 3 号线的隧道

1.2.2 结构迎水面渗漏水治理材料现状

从结构迎水面出发，采用注浆技术把能凝结的浆液注入裂缝或孔隙，挤走土颗粒或混凝土裂缝中的水分，从而达到封堵渗漏水通道的目的。现阶段，注浆材料主要分为非化学类注浆材料和化学类注浆材料，见图 1.2-5。

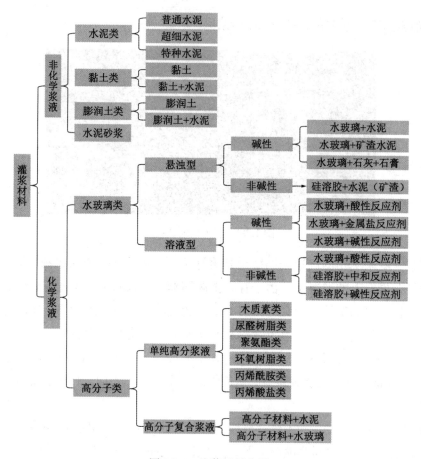

图 1.2-5 注浆材料分类

1）非化学类注浆材料

非化学注浆材料主要指水泥类注浆材料，其具有原材料简单、便宜、固化后强度高、抗渗性能好等优点，是目前市场需求量较大的材料之一。但其也有一定的应用局限性，如颗粒较大、凝胶时间过长、注浆初期强度低、强度增长率慢、稳定性较差、易离析沉淀等。通常根据现场施工情况，会对浆液进行一些特殊处理，如在浆液中掺入速凝剂以加快凝胶速度等。超细水泥具有超细的颗粒直径，平均粒径 3～4μm，最大约为 10μm，其特点主要包括：稳定性好，具有较强的分散性，能抗离析和沉积；凝结时间随水灰比的增大而变长；可注性高于普通水泥；固结体强度高。超细水泥浆液是目前比较有研究前景的水泥注浆材料，但由于其成本高且干法磨细水泥储存运输难度大，不利于商业化发展，因而使用范围受到制约。

2）化学类注浆材料

最早记载化学注浆的工程是法国人 Charles Berigny 于 1802 年在港口城市 Dieppe 采用黏土石灰浆灌注法修补损坏的砌筑墙。1838 年，英国人开始将水泥浆液应用于隧道止水加固。之后发现水泥浆液中水泥颗粒的粒径较大，对于细小的裂缝难以注入，并且在动水流速较大的情况下，注入的水泥浆液容易被冲走。于是溶液态的化学浆液材料应运而生并被投入到地下工程堵漏加固中。

1884年化学浆液在印度问世，并应用于建桥固砂工程。1887年德国Jeziorsky创造性地采用一个钻孔灌入水玻璃，相邻钻孔灌入氯化钙的土壤硅化法，并获得专利。1909年，比利时的Lemaire Dumont在水玻璃中加入稀硫酸，发现了改变水玻璃浆液pH值的凝固机理，使用双液单系统的一次压注法而获得专利。1914年法国发明了硫酸铝和硅酸盐同时注浆的方法。1920年，荷兰的Joosten E J首次论证了化学注浆的可靠性，并发明了水玻璃、氯化钙双液双系统二次压注法，并于1926年取得专利，至此化学注浆显示出明显的效果。由于水玻璃一定程度上克服了水泥类非化学浆液的缺点，价格也比较便宜，因此在欧美各国广泛应用。

20世纪40年代，注浆技术的研究和应用进入鼎盛时期，各种水泥浆和硅酸盐浆材相继问世。但由于硅酸盐浆液在固结强度和耐久性方面难以满足某些工程需要，因而高分子化学浆液也得到了发展。20世纪50年代以前，化学注浆材料基本上是不同的硅酸盐浆液，硅酸盐注浆即为化学注浆的同义语。20世纪50年代，美国首次推出了黏度接近于水、凝结时间可任意调节的丙烯酰胺浆液（AM-9）。20世纪60年代以来，有机高分子化学浆材得到了迅速发展，各国大力发展和研制化学注浆材料，相继出现了木质素脲醛树脂类、酚醛树脂类、呋喃树脂类、聚氨酯类、环氧树脂类、聚甲基丙烯酸甲酯、不饱和聚氨酯树脂、丙烯酸盐等性能各异的高分子化学注浆材料。应用范围几乎涉及所有的岩土和土木工程领域，如矿山、铁道、油田、水利水电、隧道、地下工程、岩土边坡稳定、市政工程、建筑工程、桥梁工程、地基处理和地面沉陷等各个领域。

正当高分子化学浆液较为广泛应用之际，1974年10月日本因福冈县发生了注入丙烯酰胺引发饮水中毒事故，日本政府发布禁止有毒化学浆液的命令。此次事件后化学注浆材料的研究和应用曾一度跌入低潮，1978年美国厂商停止了AM-9的生产，同时许多其他国家也效仿日美禁止使用有毒的化学浆液。20世纪80年代，由于化学浆材的改性，化学注浆技术又得到继续发展。

化学类浆液具有非化学类浆液无法比拟的可注性。在注浆施工中，化学类浆液具有渗透性极好，凝胶时间易于控制，注后土层的抗压强度、抗渗性均较理想等优点，故这类浆液是解决工程疑难问题必不可少的材料。

（1）水泥-水玻璃注浆材料

水泥-水玻璃浆液的凝结时间具有可控性，可根据工程需求进行调节，生成的水化硅酸钙固结体抗压强度好，渗透系数可达到10^{-3}cm/s。与传统水泥注浆材料相比效果更好，水泥-水玻璃双液浆可注性更高，是目前研究和应用较多的注浆材料。

（2）丙烯酰胺类注浆材料

丙烯酰胺浆液最早由美国Gyanmid公司研制，自1964年，中国科学院中南化学研究所、煤炭科学研究院等多家单位先后成功研制出多系列丙烯酰胺类注浆材料。

丙烯酰胺类注浆材料的主要特性包括以下几点：浆液具有良好的稳定性；浆液黏度很

低,与水接近,可注性好,能渗透到细微裂缝或孔隙中原位发生聚合反应形成凝胶;凝胶时间可在几秒到几小时内任意调控;浆液凝胶体的抗渗性非常好;浆液能在很低的浓度下凝胶。丙烯酰胺类注浆材料曾被广泛地应用于煤矿井、大坝、隧洞、地下工程的防渗堵漏,但丙烯酰胺单体具有毒性,施工过程中容易引起水污染,目前在中国、日本、美国等国家已不再使用。

（3）环氧树脂类注浆材料

环氧树脂类注浆材料浆液由主剂环氧树脂和固化剂、稀释剂,以及增塑剂和催化剂等辅助剂组成。环氧树脂在众多添加剂的作用下可以发生化学反应,分子间互相交接,聚合得到大分子网状聚合物,其黏性与粘结强度较大,可用于工程堵漏、防水与加固。

我国从1959年开始环氧树脂做固结补强注浆材料的研究,环氧树脂浆液常温下即可固化,固化物具有较高的抗压和抗拉强度,较高的粘结力,较小的收缩率以及较强的抗酸碱侵蚀能力等特点。但是由于浆液黏度较高,可注性差,并且与潮湿裂缝粘结力差。此外,浆液中高含量的有机溶剂,对环境和施工人员的健康具有一定的损害。为了改进环氧树脂类注浆材料,国内进行了大量试验研究和工程实践。中国科学院广州化学研究所研制的中化798,可注入到渗透系数 $10^{-8} \sim 10^{-6}$ cm/s 的软弱地层中,其固结体的抗压强度达 $50 \sim 80$ MPa。王永珍等采用十八胺与乙二醇缩水甘油醚为原料,制备了一种潜伏型低模量高弹性柔性环氧固化剂,固化物的断裂伸长率达 10.2%,能够较好地应用在伸缩缝灌浆中。

（4）聚氨酯类注浆材料

聚氨酯类注浆材料是以多异氰酸酯、多元醇或多羟基化合物为主剂,加入助剂所组成,其固化过程一般分为两步:第一步是多异氰酸酯与多元醇反应生成基封端含有—NCO的预聚体;第二步是过量的—NCO基团与带有活泼氢的化合物反应从而扩链交联固结。

聚氨酯类注浆材料按亲水性分为水溶性聚氨酯和油溶性聚氨酯。聚氨酯类注浆材料可在任何条件下与水发生反应而固结,但浆液黏度高,可注性差,遇水才能发泡,固化温度较高,并且预聚体中残留的多异氰酸酯为剧毒物质,对环境污染大。秦道川以聚氧化丙烯—聚氧化乙烯醚和甲苯二异氰酸酯为主要原料,制备的聚氨酯注浆材料无毒无污染,绿色环保,凝结后基本不收缩,堵水效果显著。

（5）丙烯酸盐类注浆材料

丙烯酸盐类注浆材料问世于20世纪40年代,由美国海军与Massachusetts工科大学用于军事工程的地基加固,它是一种以丙烯酸盐为主的注浆树脂,配以交联剂、引发剂等组成的水溶性浆液。该注浆材料毒性低、黏度低,低温下能固化形成凝胶体,凝胶时间可以准确控制,更重要的是它的固结体具有极高的抗渗性(渗透系数可达 $10 \sim 100$ m/s)。此外,浆液固化后的凝胶体具有很好的稳定性,可适应干湿循环条件,在缺水环境下干缩,富水情况下又会膨胀,过程中不破坏凝胶。目前已被广泛应用于巷道、大坝止水,以及混凝土的防渗堵漏。

1.3 城市地下结构渗漏水治理技术研究现状

1.3.1 基本原则

地下建筑工程渗漏治理应防、堵、截、排相结合，因地制宜，刚柔相济，综合治理，重在治本，优先考虑迎水面治理，迎水面不具备施工条件时，可在背水面治理，条件允许及工程必要时，应同时治理迎水面与背水面。一是防、堵、截、排结合的原则。迎水面以防为主，同时采取必要的截水措施；背水面防、堵结合。这里的"排"主要是指两个方面：一方面，建筑物室外排水要顺畅，不得有积水，减少雨雪水向地下工程的渗漏；另一方面，在背水面渗漏治理，有些部位进行防、堵施工时，采用疏、排的辅助措施解除或缓解渗漏部位的水压。背水面采用排水作治理渗漏的措施应慎用，长期排水不利于结构使用寿命。二是因地制宜的原则。地下建筑工程渗漏治理不能千篇一律，照抄照搬，应根据不同的地区、不同的环境、不同的工程、不同用途、不同的渗漏部位，选择相适应的防水堵漏材料和采取相应的有针对性的治理方法。三是刚柔相济原则。根据迎水面与背水面的不同部位、不同基面及细部构造，采用刚柔做法，优势互补。四是综合治理原则。从设计、材料选用、施工、维护管理全面考虑，对渗漏工程的混凝土主体防水及建筑物周围的排水、回填土、散水、市政管线等与防水工程有关方面进行逐一分析排查，凡与渗漏有关的均进行治理，从根本上彻底解决渗漏问题。在治理渗漏时应尽量少破坏原有完好的防水层。任何工程的渗漏治理均不得影响建筑物的使用安全。治理渗漏所选用的材料应技术性可靠、防水性好、符合环保要求、可操作性强。

1.3.2 排水治理方法

室内渗漏治理采用排水方法，主要是为了利于渗漏治理施工。室内渗漏治理中，背水面的被动防水、堵漏应尽量在无水状态下施工，如果带水作业应尽量在无压状态下进行，或在水的压力尽量小的情况下进行。

应特别提示：地下工程的钢筋混凝土结构是一种非匀质并均有多孔和显微裂缝的物体，其内部存在许多在水泥水化时形成的氢氧化钙，故呈现 pH 值为 12~13 的强碱性，氢氧化钙对钢筋可起到钝化和保护的作用。当混凝土结构体发生渗漏水时，水会把混凝土结构内部的氢氧化钙溶解和流失，碱性降低；当 pH 值小于 11 时，混凝土结构体内钢筋表面的钝化膜会被活化而生锈，所形成的氧化亚铁或三氧化二铁等铁锈的膨胀应力作用，使结构体开裂增加水和腐蚀性介质的侵入，造成了恶性循环，最终将影响结构安全和建筑使用寿命。

1.3.3 堵漏治理方法

（1）刚性材料堵漏

应选用防渗抗裂、凝结速度可调、与基层易于粘结、可带水作业的堵漏材料，常用的有水不漏、堵漏灵、确保时、益胶泥、防水宝、水玻璃等。刚性材料堵漏的基本方法：查找渗漏点与渗漏水源；切断水源或通过引水、疏水减压，尽量使堵漏施工在无水或低压状态下进行；基面清理，剔凿渗漏点、渗漏缝，将不密实的、疏松的混凝土或水泥砂浆尽量剔除，剔凿深度不宜小于 20mm，渗漏缝宜剔成凹形槽；按堵漏材料的凝结速度和使用量调配用料，塞填在需堵漏的孔、洞、缝隙里，带压施工时，堵漏材料嵌填后应采用外抗压措施；对堵漏后的部位进行修平处理，再按面层防水的要求进行后道工序的施工。

（2）注浆堵漏

注浆堵漏即利用注浆材料封堵渗漏水病害的治理方法。化学注浆的基本施工方法为：打孔、埋置注浆针头、注浆、表面处理，其中打孔深度根据混凝土结构厚度、混凝土质量、注浆材料综合确定，注浆针头间距应根据渗漏部位现状、采用的注浆材料确定，注浆压力应根据注浆部位、注浆材料、注浆设备、注浆方式确定；注浆应饱满；注浆完成 72h 后，对注浆部位进行表面处理，清除溢出注浆液，磨平注浆针头；帷幕注浆堵漏通常是指钻孔打穿结构层至外防水层，采用专用注浆设备机具，将注浆材料注入孔内挤到结构外层，形成一道新的帷幕防水层。从迎水面封堵渗漏的治理现场，见图 1.3-1。

图 1.3-1 注浆堵漏施工现场

1.3.4 涂料及卷材防水治理方法

防水层应做在混凝土面层或坚实、牢固的水泥砂浆层上；剔凿拆除空鼓、松动、不密实的混凝土面层或水泥砂浆层；防水基层应干净，刚性防水层的基层应湿润。

1）涂料防水治理

材料选用：宜选用与基层粘结力强、耐水、耐霉变、抗渗、抗压性能好的可湿作业的刚性或刚韧性材料，如高渗透改性环氧材料、水泥基渗透结晶性材料、高分子益胶泥、水性多组分增韧性环氧材料。

施工基本做法：单组分液态涂料，小面积施工可直接涂刷，大面积可采用喷涂法，分2~3次完成，在前一遍表干后，开始后一遍施工。双组分液态涂料，应按产品说明书的配比方法进行现场配制。双组分粉、液涂料及单组分粉料配水的涂料，小面积施工可直接涂刷，大面积可喷涂施工的应尽量采用机械喷涂法施工（图1.3-2）。

质量要求：涂层均匀、遮盖率100%，厚度符合设计要求和相关规范规定；涂膜防水层与基层应粘结牢固，不空鼓、不开裂。

养护：水泥基类刚性防水涂料在表干后应进行保湿养护，养护时间宜不小于72h。

图1.3-2 防水涂料施工现场

2）防水卷材治理

防水卷材用于背水面维修时，适用于侧墙、底板部位整体渗漏，以及钢筋混凝土内衬保护层的渗漏工程。材料可选用自粘聚合物改性沥青类卷材、可焊接的合成高分子卷材、聚乙烯丙纶复合卷材。卷材防水层按相关规范规定施工，与基层粘贴紧密（图1.3-3）。

图1.3-3 防水卷材施工现场

结构内表面涂刷防水涂料等内表面处理方法能够使结构渗漏水得到快速处置，但在实际应用方面存在以下问题（图1.3-4）：

（1）只从结构层面治理渗漏水，在提高隧道等地下结构的整体刚度、改善结构受力方面无明显优势。

（2）材料与结构贴合度难以确保，即涂料与基层粘不上或起泡或粘结力不够，从而易引起封堵失效。

（3）涂膜施工成膜后出现涂膜分层，或涂膜间有起泡，以及防水施工完成后，涂膜开裂问题。

（4）施工费用较高，经济性较差。

（5）各种防水材料的耐久性问题值得商榷。

（6）影响结构的整体美观性。

(a) 聚氨酯涂层与基层完全不粘贴　　　　　　(b) 侧墙卷材防水层整体滑移

图 1.3-4　内表面处理方法存在的问题

针对结构渗漏水病害，注浆是行之有效的治理方法。注浆治理针对性强，可有效避免防水涂料与结构面粘结不牢固等问题，且注浆法对提高地下结构的整体刚度、改善结构整体受力等优势明显，为渗漏水治理工程中最常用的治理措施。

1.4　城市地下结构渗漏水注浆治理研究现状

注浆技术实质是气压、液压或电化学原理，把某些能凝结的浆液注入各种介质的裂缝或孔隙以填充、渗透、压密等方式挤走土颗粒或混凝土裂缝中的水分，待浆液凝结后，使隧道围岩或土体形成一个抗渗透性好、强度较高的整体，以达到堵水、加固、抬升以及纠偏围岩或土体的目的。其中，化学注浆技术是化学与工程相结合，应用化学科学和地下工程科学协同解决地基和混凝土缺陷（加固补强、防渗堵漏），保证工程顺利进行或借以提高工程质量的一项工程技术。注浆技术施工设备简单，规模小、耗资少，占地面积小、施工灵活方便，工期短、见效快，施工噪声和振动小，加固深度可深可浅，易于控制。

注浆的功能很多，经过科学技术人员的不断努力，注浆技术已经能较好地解决基础加固、回填防沉、房屋下沉控制、滑坡防治、塌方处理、TBM软岩加固支护、盾构进出洞口加固、路面整治、堵水、竖井下沉控制、桥台沉降控制、变形控制、基坑截水帷幕、渗漏水治理、瓦斯防溢以及工程抢险等问题。

1.4.1 防渗堵漏

防渗主要通过降低渗透性，减少渗流量，提高抗渗能力，降低孔隙压力来防止水在微细裂缝中的渗透。如隧道与地下工程横筑混凝土衬砌裂缝、施工缝渗水，大坝的防渗帷幕，垃圾处理场地基底的隔离防渗加固等。

堵漏是通过截断渗透水流来防止隧道或地下建筑由于某些原因而发生漏水。如修建水下隧道时，为了克服涌水，在隧道开挖之前将凝胶物质注入扩散到岩层裂隙中，从而堵塞地下水的通路，减少或阻止涌水流入开挖面，同时还起到固结破碎岩层的作用，从而为开挖、衬砌创造较好的条件。

1.4.2 加固补修

提高岩土的力学强度和变形模量，防止地表下沉和建筑物变形；通过注浆对边坡加固防止滑坡；注入结构混凝土裂缝进行修理补强，恢复混凝土结构及建筑物的整体性；使已发生不均匀沉降的建筑物恢复原位。

注浆法已广泛应用于铁路、公路及水工、隧道、矿井、地下建筑、桥梁、大坝、机场建设及高层建筑基础工程等众多领域。例如：法国巴黎地铁隧道修建时，为防止地面沉陷影响地面上古老的历史建筑，采用了注浆法来加固地层，取得了良好的效果。我国大瑶山铁路隧道、南岭铁路隧道、大秦线军都山隧道、圆梁山隧道、厦门翔安海底公路隧道，由于地层自稳能力很差，也是运用注浆技术才能保证工程的顺利进行。此外，英国 Victoria 地铁、Dortford 隧道、Clyde 隧道、Tyne 隧道；美国 Pittsburg 隧道、Washington D C 地铁；意大利 Polinonord 隧道；芬兰赫尔辛基地铁；德国慕尼黑地铁；日本青函隧道；北京地铁 5 号线、10 号线、8 号线等均使用注浆技术进行施工。近年来，我国注浆技术有了很大的发展，应用范围也越来越广。不仅用于新建地下工程堵水和加固地层，而且用于处理已建地下工程存在的变形或漏水缺陷，效果也十分显著（图 1.4-1）。

(a) 加固注浆　　　　　　　　　　　　(b) 堵水注浆

图 1.4-1　注浆的功能

1.4.3 注浆方法

就目前我国隧道与地下工程注浆现状而言，注浆方法的分类按时间的不同，分为预注浆法、后注浆法、回填注浆和固结注浆；按注浆机理的不同，分为渗透注浆、劈裂注浆、压密注浆、填充注浆、破裂渗透注浆；按注浆浆液的混合方式不同，分为单液单系统法、双液双系统法和双液单系统法。按注浆管分布形式的不同，分为钻杆注浆法、花管注浆法、套管护壁法、袖阀管注浆法等，见表 1.4-1。

注浆方法综述　　　　　　　　　　　表 1.4-1

方法分类	适用范围	特点
钻杆注浆法	比较适合于塌方、断层、破碎带的工作面注浆	使用钻杆直接注浆，可以在极易塌孔的地层注浆
花管注浆法	较浅的砂土层地面注浆，砂黏土层的超前小导管注浆	花管打入坚硬地层比较困难
套管护壁法	砂黏土层地面注浆	套管打入卵石、岩层比较困难
孔口胆管注浆法	所有土层，不适合于秒级凝胶浆液	秒级浆液在注浆管内可能凝胶，可以进行单液或者双液注浆，注浆管可以自制
单液双层管钻杆注浆法、双层管孔内注浆法	适用于所有土层，特别是松砂层和黏土层	能防止向预定注入范围以外扩散，可把浆液停留在限定部位的短凝注入方式。在复杂的冲击软地层中注入，可以防止浆液扩散，可使注入均匀密实，注入效果好。因此，适用于压实度差的地层，在覆盖土层、地层和覆盖浅的地方注入，但在压实度好的砂层中存在渗透界限。混合方式，喷比为 2
双液双层管钻杆注浆法	适用所有土层，特别适用于中等密实的砂层和含有黏性土的砂层	这种方式一方面采用短凝浆液防止扩散，另一方面采用长凝浆液实现地层中小间隙的渗透。在高度压实的地层和黏土较多的砂质地层中注入短凝浆液，则注入效果较好。混合方式，喷比为 1.5、2 中的任何一种均可。但通常短凝选 2，长凝选 1，或者喷比为 1.5
双层管双栓法	适用于所有砂质类地层	这种方式采取长凝浆液，低速缓注入，可获得较均匀的加固。存在注入费用高、工期长的问题，因为是低压注入，所以更适合在重要构造物的正下方和接近埋设物的位置上注入，对这些构造物的影响小。混合方式，通常喷比为 1
CO_2 气液反应型复合注入工法	所有砂地层	对周围环境无污染，安全性高
同步复合注入工法	中等、高密实的砂层和含有黏土的砂层	可避免双重钻杆瞬结注入工法的注入量与注入隆起的矛盾，同步复合注入功法可以保证注入量符合设计要求而无地层隆起
袖阀管注浆法	适合砂层及含有黏土的砂层	采用后退式注浆，效果较好
高压旋喷注浆法	适用于处理淤泥、淤泥质土、黏性土、粉土、黄土、砂土、人工填土和碎石土等地基	适用的范围较广；施工简便；可控固结体形状；可垂直、倾斜和水平喷射；耐久性较好；浆材来源广阔，价格低廉；设备简单，管理方便；浆液集中，流失较少；施工时无公害，比较安全

根据注浆目的和浆液混合方式不同，注浆系统大致分为：单液单系统、双液单系统、双液双系统、袖阀管注浆。

（1）单液单系统法

单液单系统法（图1.4-2）是将浆液的各组分按规定配比放在同一搅拌器中充分搅拌混合均匀后，由注浆泵注入隧道围岩或地层的方法。对于凝胶时间较长的浆液，应采用此系统。该注浆系统设备简单、操作方便。

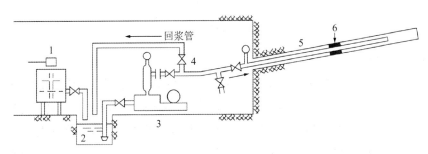

图1.4-2 单液单系统图

1—搅拌机；2—储浆罐；3—注浆泵；4—阀门；5—注浆管；6—橡胶止浆管

（2）双液单系统法

双液单系统法（图1.4-3）是将A、B两种浆液通过各自注浆泵按一定的比例在注浆管口的混合器混合后注入隧道围岩地层中，对于浆液凝胶时间有一定要求的需采用此系统。如水泥-水玻璃浆液注浆时，要求浆液凝胶时间为3～5min；丙烯酸盐A、B浆液注浆时，要求凝胶时间为5～10min，需要采用这种系统。

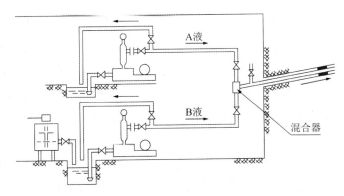

图1.4-3 双液单系统图

（3）双液双系统法

双液双系统法（图1.4-4）是将A、B液通过各自不同的注浆泵系统注入地层，使其混合的注浆方式。对于要求凝胶时间非常短的浆液，如水玻璃-氯化钙浆（瞬凝浆液）宜采用双液双系统。主要有两种：一种是双层管，见图1.4-4（a），A、B浆液在进入地层的瞬间发生混合。另一种是交替注入型双液双系统，见图1.4-4（b），只有一根注浆管，A、B浆液靠改变a、b阀门交替注入后在地层混合。

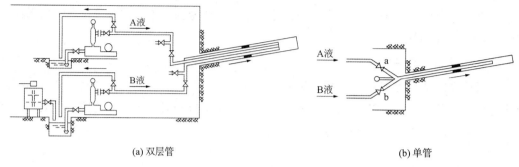

(a) 双层管　　　　　　　　　(b) 单管

图 1.4-4　双液单系统图

（4）袖阀管注浆法

20 世纪 50 年代，法国地基建设公司开发了 Soletanche 注浆加固法，用于适应多种工程地质、水文地质条件下的注浆加固地层，尤其是软弱地层。袖阀管注浆法是通过封管和注浆两种材料进行分次封管和注浆，实现分次注浆的可能性。在不同的地层采用不同的注浆材料，有效地填补地层空隙，使地层得到有效的加固处理。并且注入后，可根据地层的实际情况进行再次注浆，确保注浆质量。

1.5　当前研究存在的不足

目前地下工程渗漏水治理面临以下 5 个问题：

（1）快速精准识别与科学评价难

地下工程渗漏水病害是一个"顽疾"，针对这个"顽疾"，应明确渗漏水发生机理和核心诱发因素，做到"对症下药"，才能实现"药到病除"的目的。但由于地下工程渗漏水病害绝大部分位于结构内部，具有较强的隐蔽性，且治理天窗时间短，目前缺少对其位置、形态、规模的快速精确检测识别技术，定量探测难、数据准确度低、无法可视化。无法准确掌握开裂情况，对开裂机理及劣化演变规律认识不清，导致治理完全依靠工人经验实施，主观性极大，并没有科学治理方案，造成治理效率低、治理材料大量浪费，且不能确保治理效果。

此外，治理结束后，没有科学化、智能化的手段对封堵质量进行科学评价。目前，国内渗漏水治理施工主要采用肉眼和钻孔检测法。肉眼观察法是最初的检测手段，即利用肉眼直接判断渗漏水病害问题，但由于受人主观因素影响较大，准确率较低；在此基础上，提出了钻孔检测法，对衬砌进行钻孔或取芯，该方法准确、直观，但容易造成病害漏报，其结果不能反映整体封堵质量，此外，该方法检测速度慢，钻孔过程易破坏防排水系统、影响支护结构。国外近年来开发了包括摄像检测、红外成像法和地质雷达法等用于渗漏水治理效果评价，但存在精度低、工效低、难以实时控制和记录等缺陷。

现代化的表面病害和内部病害无损检测技术（摄像检测、激光扫描检测、红外成像法、超声波法和地质雷达法等）以及封堵效果监测技术（电阻率法、地质雷达法、电磁波法等）

虽然逐渐引入，但尚未在行业内普及，导致部分渗漏点未能及时发现，影响了治理工作的有效性。

（2）材料性能评价方法不直观，扩散及封堵机理研究薄弱

近年来渗漏治理材料过度开发，导致产品质量参差不齐，并没有成熟的性能测试标准来规定市场上的产品，大部分厂家仅通过工程经验和定性的办法进行主观评价，造成了反复治理的现象。渗漏水治理材料大部分属于高分子材料，除了具有良好的使用性能外，还应具有较高的使用寿命。不管何种高分子材料在其合成、贮存、加工以及最终应用的各个阶段其性能都可能发生变化，从而影响高分子材料制品的正常使用，这种现象称为失效。尤其城市轨道交通中结构迎水面注浆治理材料所处环境隐蔽，一旦失效，难以恢复，而且由于失效的材料已经占据了渗水通道，对再次治理造成不利影响，反而增加了作业的难度和成本。因此，渗漏治理材料是保证含有缺陷的地下结构水密性的重要组成部分，了解并掌握这些材料在地下环境的耐久性对渗漏治理具有重要的指导意义。

此外，对于渗漏治理材料机理与功效等方面的研究较少，大约90%以上是产品开发方面的，涉及基础理论，如浆液结构与性能的关系、溶胀与凝胶内水分子等介质的传递过程、各亲水基团间在吸水过程中协同作用机理、吸水溶胀机理的研究很少或几乎没有，治理材料开发的随意性和盲目性很大，资源浪费严重。只有弄清材料扩散及封堵机理，才能优化材料配方、降低成本以及提高各方面性能的途径，并有助于完善注浆工艺，优选适合不同工程需要的各类配方。

（3）没有科学、可靠的渗漏治理材料与技术优选方法

地下工程渗漏有结构缝、施工缝、混凝土裂缝、变形缝等多种多样病害形式，因此不同工程对治理材料与技术要求的侧重点不同，如结构裂隙注浆等工程要求材料粘结强度高，黏度低，防渗性较好；而涌水等严重渗漏情况，则需要注浆材料具有高吸水性且凝固结时间短的特点。因此，在研究适合不同渗漏病害需要的各类治理材料和技术时，要在性能和特点上有所侧重和突出，不能指望一种材料或技术满足所有治理工程的要求。因此，亟需针对不同渗漏类型，建立材料与技术优选方法及数据库。

（4）施工过程智能化、机械化程度低，功能集成程度不足，施工安全和质量意识差

现阶段渗漏治理主要依赖人工经验，如注浆法治理通常采用人工钻孔后注浆，并且也是凭工人感觉决定开始和停止注浆时间，极不利于施工过程安全和质量控制。此外，不同的渗漏水治理材料，需配备不同的设备和选用最佳的施工工艺进行施工，才能事半功倍。

随着工程施工设备向自动化、智能化发展，施工工艺以及管理模式也应随之改变，智能化、机械化的施工方式能够有效提高治理质量，使工程作业更加精细、严谨、可控。通过改善施工条件，提高施工效率，促进施工向安全、高效、低耗、便捷、专业化发展。虽然机械化施工和智能化控制在设备投入方面会产生一定费用，但之后能大大节约人力资源，劳务需求量变少，管理难度降低，使以往高投入、低产出的工程变为技术型、低投入、高产出的工程。

（5）全协同、综合治理的理念不足

地下工程渗漏治理施工应是一项系统性工程，不是仅仅依靠工人经验、高性能治理材料或者治理技术就能解决渗漏问题。为保证地下工程的安全耐久性，亟需提出基于体系、结构、要素的渗漏全协同、综合治理新理念，建立基于分级评价和治理方案设计的综合治理新方法，通过新设备、新材料、新工艺和新的施工组织模式形成综合治理新技术，并建立行业内缺乏的统一治理标准和验收标准，才能从根本上科学、有效、快速地解决地下工程渗漏问题。

1.6 本书主要内容

目前，我国地下工程建设逐渐由"建设为主"向"建养并重"转型，地下工程体量大，未来地下结构的更新改造是城市更新行动中的重要一环，尤其是渗漏水问题涉及多种地下工程全寿命安全维护，严重影响国民经济运行和人民生活质量提升，并且随着工程规模及服役年限增加将会日益严峻，预计渗漏病害防治会有万亿的经济体量。因此，在地下工程建设取得了空前增长但渗漏危害却日益严重的时期，开展渗漏水治理技术研究势在必行，对保障我国的地下工程运营安全，服务人民平安出行具有重要的现实意义。

本书从国家基础工程设施安全保障重大需求出发，针对具有隐蔽性、多变性的地下工程渗漏水防治和病害诊治难题，通过病害检测、材料、工艺一体化创新，多学科交叉融合，开展地下工程渗漏水治理成套技术研究与应用。开发地下工程渗漏水高灵敏度无损检测技术，分别基于三维激光扫描、红外热成像与探地雷达检测技术，对地下工程渗漏水病害进行外观及背后隐蔽病害系统性检测，实现病害现场快速、实时、自动识别和跟踪；研发系列性能优异的渗漏水治理材料；基于室内试验、理论分析及工程应用，总结渗漏病害治理关键步骤，形成地下工程渗漏水治理成套技术，实现地下工程渗漏水病害的"精准检测、科学决策、综合治理"。

参考文献

[1] 毛方儒, 王磊. 三维激光扫描测量技术[J]. 宇航计测技术, 2005(2): 1-6.

[2] 史增峰, 陈系玉. 基于地面激光扫描技术的地铁隧道墙壁渗漏水位置识别[J]. 上海工程技术大学学报, 2015, 29(2): 106-109.

[3] 吴勇, 张默爆, 王立峰, 等. 盾构隧道结构三维扫描检测技术及应用研究[J]. 现代隧道技术, 2018, 55(S2): 1304-1312.

[4] 吴昌睿, 黄宏伟, 邵华. 地铁隧道横向变形的激光扫描检测方法及应用[J]. 地下空间与工程学报, 2020, 16(3): 863-872+881.

[5] HUANG H W, LI Q T, ZHANG D M. Deep learning based image recognition for crack and leakage defects

of metro shield tunnel[J]. Tunnelling and Underground Space Technology, 2018, 77: 166-176.

[6] ZHAO S, ZHANG D M, HUANG H W. Deep learning–based image instance segmentation for moisture marks of shield tunnel lining[J/OL]. Tunnelling and Underground Space Technology, 2020, 95: 103156. DOI:10.1016/j.tust.2019.103156.

[7] REN Y, HUANG J, HONG Z, et al. Image-based concrete crack detection in tunnels using deep fully convolutional networks[J]. Construction and Building Materials, 2020, 234: 117367.

[8] XIONG L, ZHANG D, ZHANG Y. Water leakage image recognition of shield tunnel via learning deep feature representation[J/OL]. Journal of Visual Communication and Image Representation, 2020, 71: 102708. DOI:10.1016/j.jvcir.2019.102708.

[9] 高新闻, 简明, 李帅青. 基于FCN与视场柱面投影的隧道渗漏水面积检测[J]. 计算机测量与控制, 2019, 27(8): 44-48.

[10] 田荣, 吴应明. 红外探测技术在隧道超前探水中的应用研究[J]. 铁道标准设计, 2007(S2): 107-110.

[11] 吕乔森, 陈建平. 红外探水技术在岩溶隧道施工中的应用[J]. 现代隧道技术, 2010(47): 45-49.

[12] 豆海涛, 黄宏伟, 薛亚东. 隧道衬砌渗漏水红外辐射特征影响因素试验研究[J]. 岩石力学与工程学报, 2011(12): 2426-2434.

[13] 吴杭彬, 于鹏飞, 刘春, 等. 基于红外热成像的地铁隧道渗漏水提取[J]. 工程勘察, 2019, 47(2): 44-49+61.

[14] 王烽人. 隧道渗漏红外特征识别与提取技术研究[D]. 武汉: 华中科技大学, 2018.

[15] 刘杰. 铁路路基含水状态的探地雷达检测方法研究[D]. 北京: 中国矿业大学 (北京), 2015.

[16] 于广婷, 李秋扬, 卢晓龙, 等. 地下探测技术在潍坊地下输油管道中的应用[J]. 山东国土资源, 2012, 28(11): 47-50.

[17] 程姝菲, 黄宏伟. 盾构隧道长期渗漏水检测新方法[J]. 地下空间与工程学报, 2014, 10(3): 733-738.

[18] 雪彦鹏, 何杰, 高斌, 等. 运营期隧道渗漏水病害无损检测及处治措施研究[J]. 重庆建筑, 2017, 16(10): 33-37.

[19] 许献磊, 马正, 李俊鹏, 等. 地铁隧道管片背后脱空及渗水病害检测方法[J]. 铁道建筑, 2019, 59(7): 51-56.

[20] 周黎明, 王法刚. 地质雷达法检测隧道衬砌混凝土质量[J]. 岩土工程界, 2003, 6(3): 74-76.

[21] 刘敦文, 黄仁东, 徐国元, 等. 应用探地雷达技术检测隧道衬砌质量[J]. 物探与化探, 2001, 25(6): 469-473.

[22] ZHANG F, XIE X, HUANG H. 14Application of ground penetrating radar in grouting evaluation for shield tunnel construction[J]. Tunnelling and Underground Space Technology, 2010, 25(2): 99-107.

[23] 舒志乐, 刘新荣, 刘保县, 等. 隧道衬砌病害探地雷达三维正演模拟及工程验证[J]. 中国铁道科学, 2013, 34(4): 46-53.

[24] 李术才, 薛翊国, 张庆松, 等. 高风险岩溶地区隧道施工地质灾害综合预报预警关键技术研究[J]. 岩石力学与工程学报, 2008(7): 1297-1307.

[25] 娄健. GPR逆时偏移在隧道衬砌检测中的应用[J]. 中国公路, 2019(16): 112-113.

第 2 章

城市地下工程渗漏水病害分类及成因分析

渗漏水问题对地下工程的影响是显著而深远的，主要涉及安全性、运营效率、经济成本和乘客体验等多个方面。

（1）安全性是渗漏水影响中的首要问题。水的渗漏可能导致轨道结构的受损，进而影响轨道的稳定性和安全性。例如，在某些情况下，渗漏水会引起轨道的变形或沉降，增加了列车运行时发生脱轨的风险。若不及时处理，渗漏水还可能导致电气设备短路，引发更为严重的安全事故。

（2）运营效率同样受到渗漏水的影响。水渗漏可能导致设施故障，从而需要进行额外的检修和维护。这种情况会导致列车的延误，进而影响整个线路的运营调度。例如，2011 年 8 月 22 日下午，南京地铁 2 号线下马坊站附近 200m 隧道内发生轨道隆起涌水，列车停运数日，造成了大量乘客的出行不便，影响了公众对轨道交通的信任。

（3）经济成本也是渗漏水问题的重要考量。渗漏水不仅增加了维护和修复的费用，还可能导致更长远的经济损失。当轨道设施因渗漏水而需要大规模修缮时，相关的资金投入往往是巨大的。此外，频繁的故障和检修也会影响运营公司在经济上的收益，造成收入的减少。

（4）乘客体验方面，渗漏水问题也会造成不利影响。在雨季或恶劣天气下，渗漏水可能导致车站和车厢内出现积水，影响乘客的出行舒适度和安全感。乘客在乘坐过程中的不适体验可能会导致对轨道交通的负面评价，进而影响公共交通的使用率。例如：2010 年 7～9 月，北京地铁 10 号线，22 个站点中，90%存在渗漏或地面有湿渍的情况，严重影响市民出行及市容；广州地铁 3 号线惊现"水帘洞"等。

渗漏水是影响轨道交通隧道等城市地下工程质量、威胁运营安全的重要因素，相较于建设过程中出现的垮塌等建筑事故，渗漏水对建筑工程的侵蚀是缓慢的，对人民生命及财产安全的潜在威胁更大，因此渗漏水成因分析以及分类对渗漏水的检测与治理具有重要意义。

2.1 城市地下工程渗漏水病害成因分析

2.1.1 外部环境因素

与地上结构不同，地下工程多处于水文地质条件复杂多变的环境中，因此外部环境因素是引起地下结构渗漏水的直接原因。

水文条件方面,地层含水量丰富、地层水头压力大,是地下结构渗漏水的最直接因素。以上海市为代表的长三角地区,其地下水位高,且地层含水率大,约为30%～55%;以广州市、深圳市为代表的珠三角地区,其地层天然含水率可达70%～100%。由于南水北调工程的水源补给以及近年来对地下水的有效保护,北京市的地下水位整体上升,根据实际施工反馈与调查研究,截至2021年11月,北京市地下水文整体回升近5m,且最大回升点值达30.21m。近年来,由于北京市地下水位上升引起的地下结构渗漏水,及几年前的地质勘察水位线高度与近期施工作业揭示的水位线高度大相径庭的现象屡见不鲜(图2.1-1)。

图2.1-1 水位上升造成的设计注浆止水施工失效

地质条件方面,岩体结构面、裂隙带、地下溶洞等地质因素为地下水提供了出流通道,造成地下水的局部聚集。软土地区或非软土地区建成的地下工程尽管在病害统计分类依据上不尽相同,但结构渗漏水均为地下结构的主要病害,且其发生概率远大于其他病害。下面对地下结构渗漏水的多种地质因素进行分析。

(1)饱和软黏土地层

饱和软黏土地层多呈流塑—软塑状态,部分地区土体具有流变性,抗剪强度低且压缩性高,其地层中的地下结构渗漏水会使地层中的土体有效应力增加,从而对地下结构产生附加应力,进一步影响结构的整体安全性。

(2)砂卵石地层

砂层、卵石层等地层透水性强,透水系数百倍甚至千倍于黏土地层,此类地层中无疑应重视地下结构的渗漏水病害问题。

(3) 软硬不均地层

对于软硬不均地层，修建在其中的盾构隧道在掘进过程中的姿态难以准确控制，由此造成的管片破损或错台为日后地下结构渗漏水病害创造了条件。

(4) 节理发育及岩溶地层

岩层节理发育、地质构造破碎的地层，水流于地层中可能有多条涌流通道，地下结构薄弱位置易产生渗漏水病害；岩溶地层的地下水极为丰富，其在地下水溶蚀作用下产生多种地质作用，为设计及施工过程中的渗漏水防治、运营过程中的渗漏水治理带来了很大挑战。

此外，地下结构在运营期间，周边环境的影响，如结构上方堆土超载使得地层产生超孔隙水压力、近距离基坑开挖施工等对地下结构周边土体产生不同程度的扰动，这些影响因素会加速地下结构收敛变形、沉降等病害，进而加重地下结构的渗漏水病害。

2.1.2 结构自身因素

地铁盾构区间管片拼装形式主要为错缝拼装及通缝拼装，其中错缝拼装在区间整体受力和平整性等方面均优于通缝拼装，且错缝拼装结构的接缝变形小，有利于区间管片结构的自身防水。混凝土结构裂缝、缺角掉块、防水材料不合格等病害，也是造成结构渗漏水的重要原因。

混凝土结构渗漏水自身因素可归结为以下3点：

(1) 柔性防水层局部失效

混凝土结构柔性防水层局部破坏后，地下水将穿过柔性防水层，在地下水土压力的作用下，水会在结构外侧薄弱位置（如结构裂缝）形成渗漏水通道，引起结构渗漏水病害（图2.1-2）。

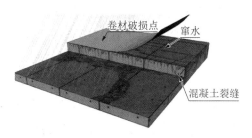

图 2.1-2 柔性防水层破坏引起的渗漏水示意图

(2) 刚性自防水局部失效

混凝土自身方面，混凝土原材料质量控制不当、施工配比不合理、原材料含泥量大等因素会造成混凝土抗渗性差、密实度不达标等缺陷，造成混凝土刚性自防水性能大打折扣。此外若膨胀剂掺入过多，则会导致混凝土结构后期裂缝增多，使得混凝土结构刚性自防水局部失效。

(3) 地基沉降和结构变形

地基沉降不均会引起结构底板或墙体开裂，开裂形成的裂缝成为混凝土结构的渗漏水通道。由于地下水位上升等原因，底板混凝土刚度不足以抵抗地下水浮力时，会引起混凝土底板结构变形弓起，变形弓起值达到一定程度后便会形成径向渗漏水裂缝。

2.1.3 设计因素

城市地下工程渗漏水问题的发生往往与多个因素密切相关，主要包括设计理念、设计规范的遵循程度，以及设计与实际环境的适应性等。这些问题往往会导致地下工程在后期运行中出现渗漏水现象，从而影响其安全性和可靠性。

（1）设计理念的缺失

在一些项目中，设计团队可能过于关注经济成本和工程进度，而忽视了防水设计的必要性。水文地质情况发生较大变化、相关资料收集存在遗漏等原因会使设计水位与实际水位存在偏差，导致地下结构设计防水等级不合理；只考虑地下水位，而忽略了地表水的渗流补给作用；其他细部防水设计存在不足之处。

明挖车站结构标准防水一般采用全包防水作业，底板、侧墙防水层应选用耐老化、耐腐蚀、易操作，适合在潮湿基面施工的预铺高分子防水卷材（P类），高分子主体材料的厚度一般为1.5mm。由于底板施工过程中不可避免地对防水材料产生小范围影响甚至破损，在城市地下水压力作用下，地下水就会沿着底板与防水层之间的孔隙渗透穿过破损区域，导致车站结构内部渗漏。与此同时，防水卷材在铺设过程中，横向和纵向都会产生较多的拼缝，在车站结构发生沉降变形时，卷材的搭接部位就容易发生拉裂从而导致车站地板渗漏，但是通过增加防水材料铺设厚度的方法，又会增加建设成本。

（2）对设计规范的理解不够深入

在设计规范方面，部分设计单位对国家或地方的相关规范和标准的理解不够深入，或在实际设计过程中未能严格遵循这些规范。这种情况在一些小型或新成立的设计公司中尤为明显。如设计团队在隧道防水层的选材上未能遵循相关标准，导致后期发生频繁的渗漏现象。这表明设计阶段的规范性和科学性直接影响着轨道交通系统的防水性能。

防水材料选择过分依赖工程经验，而非依据实际工程特点选择防水材料，或对防水材料特性认识不足；防水材料耐久性差，导致地下结构在服役期间发生渗漏水病害。对于需要现场二次加工和涂抹的非定型产品，材料稳定后才能发挥防水作用，这就需要现场技术人员严格按照设计尺寸、各工序要求紧密配合，而各工序要求越严格，工序越复杂，越容易出错，从而导致施工效果未达到设计要求，降低了施工成效。

诱导缝、变形缝所使用的填缝材料性能应予以重视。《地下工程防水技术规范》GB 50108—2008中规定，遇水膨胀止水条（胶）应具有缓胀性能，7d净膨胀率≤最终膨胀率的60%，最终膨胀率≥220%。但是，目前我国对市场上的遇水膨胀止水条要进行质量抽检的观念十分欠缺。遇水膨胀止水带为地下结构止水的最后一道防线，在地下工程变形缝的维修中作为已经失效的中埋式止水带的弥补更为合适，在新建工程中则稍显勉强。

中埋式止水带不能粘贴在主体和围护结构间，采用"注浆管＋止水带"的设计方式虽然满足了防水技术规范要求，但是无法满足结构变形要求。防水技术规范中"防水卷材＋注浆管＋止水条"的防水模式注重于"防"，但在防水卷材失效的前提下，单独依靠止水条与注浆显然无法达到防水效果。所以，现行防水技术规范在指导设计活动方面存在适用局限问题。

（3）设计与实际环境的适应性

在一些地区，地质条件复杂、气候变化剧烈，这就要求设计团队具备充分的环境适应能力。然而，一些设计方案未能充分考虑这些外部因素。如地质勘探不够全面，导致设计方案未能有效应对土壤膨胀和沉降问题，最终造成了渗漏水现象的频发。

（4）设计阶段沟通协调不足

设计阶段的沟通协调不足也可能导致渗漏水问题的出现。在轨道交通项目中，设计、施工和运营维护等多个环节的协调至关重要。如果在设计阶段未能与施工单位和运营单位进行充分沟通，可能会造成设计方案与实际施工条件不匹配，从而引发后续的渗漏问题。

因此，设计阶段的问题主要集中在设计理念的局限、设计规范的执行、设计与环境的适应性不足以及沟通协调的缺乏等方面。这些问题的存在，不仅影响了轨道交通系统的防水性能，还可能对后续的运营安全造成严重影响。因此，必须在设计阶段引起足够重视，以减少渗漏水问题的发生。

2.1.4 施工因素

施工阶段是城市地下工程建设的关键环节，对于渗漏水问题的发生具有重要影响。在这一阶段，多个因素可能导致水分渗透至城市地下工程结构中，进而造成渗漏水现象。施工过程中的问题主要可以归纳为以下几个方面。

首先，施工工艺不规范是导致渗漏水的重要原因之一。城市地下工程的施工涉及复杂的工序和多种材料，任何环节的疏漏都可能导致结构的防水性能下降。例如，混凝土的浇筑和养护如果不符合标准，可能导致混凝土内部产生裂缝，形成渗水通道。此外，接缝处理不当，如管道与结构接口处的密封工作不到位，也会成为水分渗透的薄弱环节。

其次，施工材料的质量问题亦不容忽视。城市地下工程中使用的防水材料和混凝土等建筑材料的性能直接关系到工程的耐久性和密封性。如果使用了劣质材料，或者材料的性能不符合设计要求，将会导致防水层失效，进而引发渗漏水现象。材料的选用和检验过程中的不严谨，将直接影响工程的整体防水能力。

再次，施工环境的影响也是导致施工阶段出现渗漏水问题的重要因素。很多轨道交通项目在施工时可能面临地下水位高、土壤湿度大的环境，这些自然条件对施工质量提出了挑战。在这种情况下，如果没有采取有效的排水和防水措施，施工过程中的水分将可能渗入正在建设的结构中,形成潜在的水害。

此外,施工管理和人员素质的不足也是造成渗漏水问题的一个重要原因。施工人员在操作过程中如果缺乏必要的专业知识和经验,可能会导致施工过程中的失误。例如,未能及时做好防水层的施工和检查,或是对施工期间的天气变化缺乏应对措施,都会增加渗漏水的风险。有效的施工管理机制和专业的技术培训对防止此类问题的发生至关重要。

最后,施工阶段的协调性不足也可能导致渗漏水问题。城市地下工程项目通常涉及多个承包单位和不同的施工工序,各方之间的沟通和协调如果不到位,容易出现施工衔接不畅、责任不明等情况。这种情况下,难以确保各项防水措施的有效实施,导致渗漏水隐患的增加。

因此,施工阶段的渗漏水问题是多方面因素共同作用的结果。改善施工工艺、确保材料质量、优化施工环境管理、提升施工人员素质以及加强各方协调,是降低渗漏水风险的关键所在。通过针对这些问题的深入分析,能够为后续的治理措施提供有力的支持。

(1)盾构区间隧道

对于盾构区间隧道,管片顶推施工可能会造成管片结构损伤,从而引起螺栓孔等部位产生裂缝;此外,管片拼装误差则可能造成结构形变,即管片拼装错台及接缝张开(图 2.1-3)。

图 2.1-3　接缝张开引起的渗漏水

不同文献和资料对盾构区间隧道渗漏水病害的产生原因进行了较系统总结,见表 2.1-1。

盾构区间隧道结构渗漏水原因总结　　　表 2.1-1

编号	研究结论
1	盾构机掘进过程中,千斤顶作用于管片上的顶推力可能使管片产生应力集中现象,进而造成管片开裂破损
2	管片拼装误差可能造成管片的接触面不平整,甚至出现较大的管片错台或 V 形张开裂缝

续表

编号	研究结论
3	结构裂缝诱发的渗漏、施工接缝诱发的渗漏和施工管理诱发的渗漏
4	由于管片生产精度问题、止水带质量问题、施工问题等,导致在裂缝、纵缝、注浆孔、变形缝、螺栓孔等部位发生渗漏

(2) 地铁车站

地铁车站为地下与地上交通的衔接点,其与地上车站结构不同之处不仅是周围岩土介质所产生的土压力作用,而且还要长期承担城市地下水所产生的水压力影响。对于地铁车站现浇混凝土结构,如存在混凝土离析、浇筑不连续、施工缝不严密等施工问题,则会成为日后结构渗漏水的隐患(图 2.1-4)。

施工层面的地铁车站结构渗漏水因素总结,见表 2.1-2。

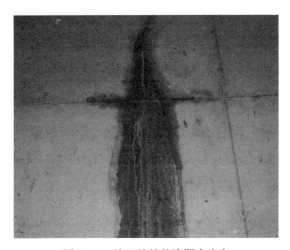

图 2.1-4 施工缝处的渗漏水病害

施工层面的地铁车站结构渗漏水因素 表 2.1-2

施工部位	主要因素	原因分析
地铁车站	混凝土振捣不密实	混凝土分批浇筑时,振捣不密实会使浇筑界面产生冷缝,或结构出现蜂窝麻面等缺陷,影响混凝土整体密实性
	较大的温度应力	大体积混凝土浇筑产生的水化热消散不及时、外界气温的突变,会引起混凝土内外较大的温差,因温差产生的温度应力可能造成混凝土结构开裂
	施工缝、变形缝等处理不当	施工缝、变形缝处振捣不均匀;止水带粘固不牢

(3) 暗挖(矿山)隧道

暗挖隧道渗漏水病害主要包括裂缝型渗漏、变形缝型渗漏、施工缝型渗漏和衬砌背后注浆空洞型渗漏。其中裂缝型渗漏主要由隧道结构劣化、裂缝深度贯穿结构所致,主要随着运营期的增加而加重;施工缝界面和止水钢板表面积聚泥土,使得新老混凝土不能紧密结合,而且接缝处含泥较多易导致较多的收缩裂缝,为水分的渗漏提供通道,导致施工缝渗漏水；变形缝型渗漏由于混凝土结构发生收缩徐变或隧道结构发生不均匀沉降导致变形缝过大，为水分的渗漏提供通道；由于施工方法不合理、衬砌背后注浆不均、施工塌方处理不当等因素，衬砌背后注浆空洞型渗漏水亦较为普遍。

暗挖隧道渗漏水病害主要因素分类，见图 2.1-5。

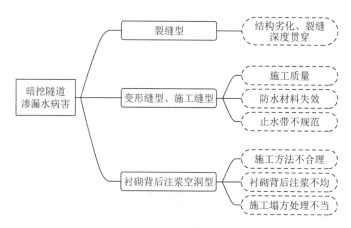

图 2.1-5　暗挖隧道渗漏水病害主要因素分类

2.1.5　运营维护阶段因素

在城市地下工程系统的运营维护阶段，渗漏水问题往往显现出更加复杂的特征，影响整体运营的安全性和乘客的舒适度。运营维护阶段的问题主要体现在以下几个方面。

首先，日常维护工作缺乏系统性和前瞻性。

许多城市地下工程运营单位在进行日常维护时，往往侧重于设备的运行状态监测，而忽视了对渗漏水点的定期检测和评估。这种片面的维护策略使潜在的渗漏水问题无法及时发现和处理，导致其在短时间内迅速发展，甚至造成结构性损害。如由于对站台和隧道接缝处的渗漏水检测不够重视，最终导致大规模的水浸事件，影响系统的正常运营。

其次，缺乏专业的技术人员和培训体系。

运营维护阶段的工作人员往往缺乏对渗漏水问题的专业知识和处理经验。这使得在遇到渗漏水问题时，无法采取有效的应急措施，处理过程可能延误，进一步加重了问题的严重性。此外，技术人员的流失和再培训的不足，也使得渗漏水问题的处理能力大大降低。在某些情况下，工作人员在进行维护时未能识别出老化的防水材料或失效的排水系统，导致了水分长期滞留，从而引发更为严重的渗漏水现象。此外，运营过程中对排水系统的定期清理也至关重要，若排水管道被杂物堵塞，将导致水无法顺利排出，增加渗漏的风险。

再次，信息共享和协调机制不健全。

在多个部门和单位协同运营的城市地下工程系统中，渗漏水问题的发现、报告和处理往往需要不同专业领域的合作。然而，缺乏有效的信息共享平台和协调机制，使得各部门之间的信息传递不畅，导致问题处理的滞后。某些城市地下工程的案例表明，因信息不对称，某些部门对渗漏水问题的存在和严重性缺乏足够的重视，从而未能及时制定相应的解决方案。

最后，缺乏长效的监测与预警机制。

虽然一些城市地下工程系统已经引入了监测技术，但缺乏系统性的长期监控和数据分析能力，无法形成有效的预警机制。现代化的传感器和监测设备虽然可以实时监测水位和湿度变化，但如果未能与信息系统有效整合，仍然难以实现早期预警。现阶段大部分地区的轨道交通在发生渗漏水事件后，往往只能依靠人工巡检发现问题，无法实现及时应对。

因此，运营维护阶段的渗漏水问题不仅涉及技术和管理层面的挑战，还反映出整体运营体系的不足。针对这些问题，需要从系统性管理、专业培训、信息共享和监测预警等多方面进行综合治理，以提升城市地下工程系统的运营安全性和服务质量。

2.2 城市地下工程渗漏水病害分类及统计

2.2.1 渗漏水病害分类

（1）地下结构渗漏水病害分类

以地铁线路区间渗漏水病害调研情况为例，在不同的施工方法及调研区间等外部因素下，渗漏水类型呈现较大差异性，因此在进行渗漏水病害治理前，应充分做好统计调查工作，针对病害特征做出相应治理措施。

通过现场调研及相关文献查阅，相关学者将地下结构渗漏水进行了分类，主要依据渗漏水形式等开展。按照水流量进行分类，渗漏水类型可分为 5 种：湿渍、湿迹、滴漏、水砂渗漏、水砂突涌；按照主要表观形态分类，渗漏水类型可分为 3 种：点状、线状、面状，其中点状渗漏表现为各渗漏处相互独立（图 2.2-1），线状渗漏（图 2.2-2）、面状渗漏（图 2.2-3）则分别由渗漏点、渗漏线连接延伸而成。

图 2.2-1　渗漏水点状滴漏

 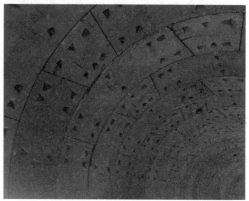

图 2.2-2 渗漏水线状湿渍

 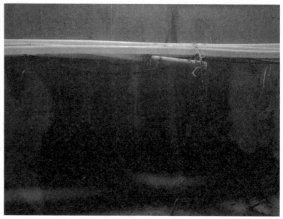

图 2.2-3 渗漏水面状湿迹

渗漏水分类及定义，见表 2.2-1。

渗漏水分类及定义 表 2.2-1

渗漏水类型	定义	主要表观形态
湿渍	盾构隧道管片或车站混凝土表面有明显色泽的湿渍	面状
湿迹	水渗入结构内部，结构表面有水分充分浸润	面状、线状
滴漏	渗水量积累至某处后从结构上方滴落	点状
水砂渗漏	结构表面或内部存在明显渗漏水通道，渗漏水明显且含泥砂	面状、线状
水砂突涌	渗漏水通道扩大或结构防水失效，造成水砂外涌且带压	面状、线状

目前对渗漏水的分级以定性分级为主。在我国铁路隧道养护中，根据漏水程度将渗漏水定性地分为润湿、渗水、滴水、漏水、射水和涌水 6 个等级。日本《道路隧道维持管理便览》将隧道渗漏水程度定性地分为渗出、滴出、流出和喷出 4 个等级，并且根据渗漏水的程度和渗漏水部位（拱部和边墙两个部位）将渗漏水对隧道的影响也分为 4 个等级。美

国《铁路交通隧道和地下建筑物检查方法和程序》将渗漏水从定性的角度分为轻度、中度和重度 3 个等级。在美国《公路和铁路交通隧道检查手册》中，对这个分级标准进行了量化，即为轻度（混凝土表面潮湿但无滴水）、中度（流量小于 30 滴/s）和重度（流量大于 30 滴/s）。

（2）北京地铁盾构隧道渗漏水病害分类

参照《城市轨道交通设施养护维修技术规范》DB11/T 718—2016 等相关规范及相关工程实践，基于北京地铁盾构隧道健康度评定的地下结构渗漏水评定标准，见表 2.2-2。

地下结构渗漏水评定标准　　　　表 2.2-2

项目	渗漏水等级				
	1 级	2 级	3 级	4 级	5 级
渗流状态	湿迹	湿迹	渗水/滴漏	涌流/漏泥砂	漏泥砂
渗漏量/（L/d）	<1	1~3	3~30	30~100	>100
现象	有漏水，但对行车安全无威胁，并且不影响隧道的使用功能；混凝土表面有轻微腐蚀现象	漏水使钢轨腐蚀，养护周期缩短，继续发展将会升级为三级；混凝土表面容易变酥、起毛	隧道滴水、淌水、渗水及排水不良引起洞内局部道床状态恶化；在短时间内混凝土表面凹凸不平	隧底冒水、拱部滴水成线、边墙淌水，危害正常运营；水泥被溶解，混凝土可能会出现崩裂	隧道涌水，危及行车安全

按照渗漏水发生部位，地下建筑工程渗漏水可分为顶板渗漏、侧墙渗漏、底板渗漏、穿防水层管根及埋设件处渗漏、后浇带渗漏、变形缝渗漏、施工缝渗漏等（图 2.2-4）；隧道工程渗漏水可分为拱顶渗漏、侧墙渗漏、仰拱渗漏、掌子面渗漏等（图 2.2-5）。

(a) 顶板

(b) 侧墙

(c) 底板

(d) 穿墙管根

(e) 后浇带

(f) 变形缝

(g) 施工缝

图 2.2-4　地下建筑工程不同渗漏部位

(a) 侧墙渗漏　　　　　　　　(b) 仰拱渗漏　　　　　　　　(c) 拱顶渗漏

图 2.2-5　隧道工程不同渗漏部位

2.2.2　渗漏水病害统计

1）地铁线路区间统计结果

我国城市地铁经过几十年的建设发展，在疏解地面交通压力的同时，其产生的各种病害在不同程度上威胁了地铁的施工及运营安全。北京市地铁建设时间跨度较大，地铁病害随着建成年代的增加而增加。针对渗漏水病害，基于现场统计及文献调研，对北京地铁1号线、6号线、10号线、16号线等部分代表性区间进行统计总结，将渗漏水位置按照拱顶（其中拱肩算作拱顶）及侧墙进行划分，各地铁线渗漏水状况如下所示。

（1）1号线渗漏水状况分析

1号线选择1条区间（西单—天安门西）进行检测统计，渗漏水病害类型均为湿渍，其中拱顶位置2处，侧墙位置8处，详细状况分析见表2.2-3。

1号线渗漏水状况分析　　　　　　　　表 2.2-3

编号	位置	类型	面积/m²	状态描述
1	拱顶	湿渍	4.14	明显色泽变化的潮湿斑，无水分浸润
2	侧墙	湿渍	1.50	同上
3	侧墙	湿渍	0.50	同上
4	侧墙	湿渍	3.60	同上
5	侧墙	湿渍	2.50	同上
6	侧墙	湿渍	4.00	同上
7	侧墙	湿渍	35.00	同上
8	侧墙	湿渍	15.00	同上
9	侧墙	湿渍	1.95	同上
10	拱顶	湿渍	0.24	同上

第 2 章 城市地下工程渗漏水病害分类及成因分析

（2）6号线渗漏水状况分析

6号线选择 9 条区间进行检测统计，渗漏水病害类型多为滴漏，分布于拱顶、侧墙及拱底位置，详细状况分析见表2.2-4。

6号线渗漏水状况分析 表 2.2-4

编号	区间	位置	类型	滴漏状态/（s/滴）
1	南锣鼓巷—东四	侧墙	滴漏	2
2		侧墙	滴漏	1
3		拱顶	滴漏	1
4	十里堡—青年路	拱顶	滴漏	50
5	青年路—褡裢坡	拱顶	滴漏	120
6		拱顶	滴漏	180
7	草房—物资学院路	拱顶	滴漏	1
8		拱顶	滴漏	30
9	出入库线	拱顶	滴漏	1
10		拱顶	滴漏	6
11		拱顶	滴漏	10
12	通运门—北运河西	拱顶	湿迹	—
13		拱顶	湿迹	—
14	北运河东—郝家府	拱底	湿迹	—
15		拱底	湿迹	—
16	郝家府—东夏园	拱顶	滴漏	10
17	东夏园—潞城	拱顶	滴漏	2

（3）10号线渗漏水状况分析

10 号线选择 4 条区间进行检测统计，渗漏水病害类型多为湿渍，且多分布于侧墙位置，详细状况分析见表2.2-5。

10号线渗漏水状况分析 表 2.2-5

编号	区间	位置	类型	尺寸/（m×m）	状态描述
1	巴沟—苏州街	拱顶	湿渍	5.0×0.4	裂缝渗漏
2		侧墙	湿渍	4.2×0.5	变形缝渗漏
3		侧墙	湿渍	4.2×1.0	变形缝渗漏
4		侧墙	湿渍	4.2×0.5	变形缝渗漏
5		侧墙	湿渍	3.0×0.5	裂缝渗漏
6	苏州街—海淀黄庄	侧墙	湿渍	1.5×0.5	裂缝渗漏

续表

编号	区间	位置	类型	尺寸/(m×m)	状态描述
7	苏州街—海淀黄庄	侧墙	湿渍	1.1×2.2	裂缝渗漏
8		侧墙	湿渍	1.1×2.2	裂缝渗漏
9		侧墙	湿渍	6.6×0.2	裂缝渗漏
10		侧墙	湿渍	2.1×3.1	裂缝渗漏
11		侧墙	湿渍	1.0×0.1	裂缝渗漏
12		侧墙	湿渍	3.3×0.3	裂缝渗漏
13		侧墙	湿渍	3.6×0.6	裂缝渗漏
14		侧墙	湿渍	1.9×0.5	裂缝渗漏
15		侧墙	湿渍	2.2×0.9	裂缝渗漏
16		侧墙	湿渍	0.9×1.2	裂缝渗漏
17		侧墙	湿渍	3.0×2.5	裂缝渗漏
18		侧墙	湿渍	0.9×1.6	裂缝渗漏
19		侧墙	湿渍	3.0×3.1	裂缝渗漏
20		侧墙	湿渍	4.0×1.4	裂缝渗漏
21		拱顶	湿渍	9.6×0.5	裂缝渗漏
22	海淀黄庄—知春里	侧墙	湿渍	0.6×1.0	施工缝渗漏
23		侧墙	湿渍	0.8×0.6	裂缝渗漏
24		侧墙	湿渍	0.6×2.0	裂缝渗漏
25		侧墙	湿渍	1.9×0.3	裂缝渗漏
26		侧墙	湿渍	3.1×1.0	裂缝渗漏
27		侧墙	湿渍	2.0×0.9	裂缝渗漏
28		侧墙	湿渍	1.0×0.6	裂缝渗漏
29	知春里—知春路	侧墙	湿渍	0.3×1.2	裂缝渗漏
30		侧墙	湿迹	1.0×1.5	裂缝渗漏
31		侧墙	湿迹	0.3×2.0	裂缝渗漏
32		侧墙	湿渍	0.9×3.0	裂缝渗漏
33		侧墙	湿渍	0.3×1.2	裂缝渗漏
34		侧墙	湿迹	0.5×1.0	裂缝渗漏
35		侧墙	湿渍	0.8×1.8	裂缝渗漏
36		侧墙	湿渍	0.3×3.0	裂缝渗漏
37		侧墙	湿渍	0.3×0.1	裂缝渗漏
38		侧墙	湿渍	0.4×0.2	变形缝渗漏
39		侧墙	湿渍	0.8×5.0	裂缝渗漏

（4）16号线渗漏水状况分析

16号线选择某2条区间进行检测统计，渗漏水病害类型多为湿渍和滴漏，且位置较多分布于拱顶位置，详细状况分析见表2.2-6。

16号线渗漏水状况分析　　　　表2.2-6

编号	位置	类型	滴漏状态/（s/滴）
1	侧墙	湿渍	—
2	拱顶	滴漏	12
3	拱顶	滴漏	15
4	拱顶	湿渍	—
5	侧墙	湿渍	—
6	拱顶	湿渍	—
7	拱顶	滴漏	34
8	拱顶	湿渍	—
9	拱顶	滴漏	18
10	拱顶	滴漏	25
11	侧墙	湿迹	—
12	侧墙	湿渍	—
13	拱顶	滴漏	30
14	拱顶	滴漏	34
15	侧墙	湿渍	—
16	侧墙	湿渍	—
17	拱顶	湿渍	—
18	侧墙	湿渍	—
19	拱顶	湿迹	—
20	拱顶	滴漏	16
21	拱顶	湿渍	—
22	拱顶	湿渍	—
23	拱顶	滴漏	39

基于地铁区间线路暗挖法及盾构法两种施工方法，4条地铁线路渗漏水位置及类型占比统计，见图2.2-6、图2.2-7。

从上述渗漏水病害统计数据可以看出，4条地铁区间线路均存在不同程度的渗漏水病害（表2.2-7），且对于暗挖法及盾构法两种不同的施工工法，渗漏水病害的发生位置及类型存在较大差异。对于暗挖法施工隧道，渗漏水在侧墙位置的占比在90%以上，渗漏水类型基本为湿渍；对于盾构法施工，渗漏水在拱顶位置的占比在70%以上，且滴漏病害占比在60%左右，此外湿渍占比约30%，湿迹占比约10%。

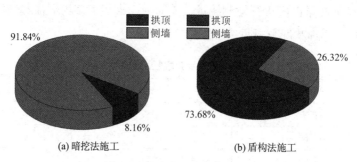

图 2.2-6　渗漏水位置及占比

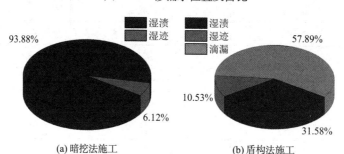

图 2.2-7　渗漏水类型及占比

北京地铁部分区间渗漏水统计　　　　　　　　　　　　表 2.2-7

线路	施工工法	渗漏水位置	数量	渗漏水类型及数量
1号线	暗挖法	拱顶	2	湿渍×10
		侧墙	8	
6号线	盾构法	拱顶	13	湿迹×2；滴漏×13
		侧墙	2	
10号线	暗挖法	拱顶	2	湿渍×36；湿迹×3
		侧墙	37	
16号线	盾构法	拱顶	15	湿渍×12；湿迹×2；滴漏×9
		侧墙	8	

从渗漏水类型可以看出，暗挖法施工隧道与盾构法施工隧道的渗漏水特点存在较大差异。暗挖法区间隧道渗漏水多发生于侧墙位置，但盾构法区间隧道渗漏水多发生于拱顶位置。暗挖法区间隧道渗漏水病害以湿渍为主，而盾构法区间隧道渗漏水病害呈现多样化，且以滴漏病害占大多数。所调研的4条地铁线路区间中，盾构法区间隧道渗漏水病害整体上较暗挖法区间隧道严重。

对于上海、杭州等软土地区城市地铁，渗漏水病害更为复杂突出。通过对某运营地铁两条区间现场统计调研，有学者得出其渗漏水发生率分别为12.5%、19.3%。且针对不同的渗漏水类型，湿渍占比22%、湿迹占比49%、滴漏占比2%、水砂渗漏占比27%。

2）地铁车站统计结果

根据相关调研资料,对北京地铁珠市口站进行渗漏水病害统计。珠市口站是北京地铁7号线和8号线的换乘站,位于西城区与东城区交界处,前门大街与珠市口东大街、珠市口西大街交汇处。该站主体结构为暗挖PBA工法车站,岛式站台,2014年底7号线车站开通运营,2018年底8号线车站开通运营。

（1）施工缝渗漏水病害

车站施工缝渗漏水长度累计达到1887m,多分布在公共区内,其中站厅渗漏见图2.2-8。顶纵梁、中板上方侧墙占比42.1%;车站轨行区侧墙占比39.4%;其余分布在办公区,以疏散通道居多。

图2.2-8 站厅渗漏

（2）变形缝渗漏水病害

车站变形缝渗漏水见图2.2-9,长度累计达到159.2m,集中分布在出入口与车站主体交接部位（占总变形缝渗漏水病害的67.9%）,现状为出入口变形缝周边地砖阴湿和反水。

图2.2-9 变形缝渗漏

（3）裂缝渗漏水病害

车站裂缝渗漏水见图2.2-10,长度累计达到172.6m,多集中在风道侧墙处,以湿裂缝居多。若得不到有效治理,将发展成滴漏、线流,影响风道内设备的安全运行。

图 2.2-10 裂缝渗漏

(4)地面积水病害

车站地面积水见图 2.2-11,面积累计达到 600m²,多集中于疏散通道、风道设备用房、风井以及直梯基坑等处。其中渗漏水较为严重的位于办公区疏散通道,积水达 3cm 深。

图 2.2-11 车站地面积水

2.3 本章小结

(1)从外部环境因素、结构自身因素、设计因素、施工因素以及运营维护阶段因素进行了地下工程渗漏水成因分析。

(2)以地铁隧道为例,统计了渗漏水情况并进行分类,为后续渗漏水分类分级治理提供了科学依据。

第 3 章

城市地下工程渗漏水快速检测与评价研究

传统的隧道渗漏水检测技术的检测手段相对滞后，最常采用人工巡检的方式，即借助雷达等传统的检测仪器进行简单测量。传统检测方法需要大量的专业检测人员，对检测人员的专业度要求较高；检测需在有限的天窗时间内开展，而地铁的天窗时间短，一次检测获取的数据少，只能抽样检测，难以获取全部的病害信息。如北京地铁 14 号线东段，全长 31.4km，共设 23 座车站，检测完这样一条地铁线路需要大约 850h，检测人员 170 人。由此可知，传统检测方式效率低，检测结果不够准确，耗费大量的人力、物力和财力。现阶段红外热成像及三维激光扫描技术无光线需求更能适用于运营期地下工程环境，还具有扫描速度快、非接触测量、高精度采集三维坐标信息，不需要布设控制点和观测点等优点。但三维激光扫描仪虽能够获取大量的图像数据，但现有方式需要人工一张一张圈画出渗漏位置和面积，处理过程复杂且需要时间过长。由于地下工程的特殊性和隐蔽性，目前基于探地雷达技术的结构背后渗漏水病害检测仍然存在雷达波信号干扰性大、检测精度低等问题。

因此，本章节基于三维激光扫描技术，采用架站式三维激光扫描仪采集点云数据，利用反射强度信息生成灰度图，并将图像噪声进行分类和去噪处理，提出架站式扫描仪隧道反射强度值修正方法，通过建立 Mask R-CNN 改进算法，实现隧道中渗漏水区域的快速精确识别及渗漏水面积的准确计算；基于红外热成像技术，利用便携式高精度红外热像仪快速准确采集红外热成像数据，通过生成红外灰度图及对灰度直方图二值化处理，利用计算机工具计算出渗漏水红外图像像素面积，最终实现快速准确获取地下工程渗漏水位置、形态及面积；基于探地雷达技术，通过搭建多组正演模型，分析结构背后渗漏水病害的雷达波反射特征，提出将核匹配追踪算法用于病害识别，提高检测精度，然后根据回波的波组形态、振幅和相位特性、吸收衰减特性等方面特征，建立地下工程结构背后渗漏水病害属性划分标准，最终实现结构背后渗漏水病害的快速准确检测。

3.1 三维激光扫描渗漏水检测技术研究及应用

3.1.1 灰度图生成

理论上,由于水对近红外光线的吸收系数较高,渗漏水区域的强度值低于背景,因此反射强度信息可用于渗漏水检测和定量分析。为了更直观地表示隧道表面的实际情况,需要利用反射强度信息生成灰度图,需要3个步骤:点云展开,反射强度信息修正和图像生成。

1)点云展开

因隧道灰度图像是二维平面,需要通过点云展开将三维点云转换成二维点云,进而利用反射强度信息生成二维平面的灰度图像。在公路隧道中先将点云投影到设计断面,然后根据设计面进行展开。本书研究隧道为圆形盾构隧道,故采用圆柱投影法对竣工隧道点云进行展开,具体方法如下:

(1)隧道点云转正:为了获取二维平面的隧道表面灰度图像,通过圆柱体投影方法获取隧道二维展开面。首先利用隧道空间形态信息将隧道点云进行转正,转正后隧道中轴线与X轴平行。

(2)点云展开:以中轴线为圆柱体的中心点将隧道点云进行圆柱投影,投影后以底部为基准进行圆柱展开,展开后点云坐标为:

$$\begin{cases} x'' = \beta \times R \\ z'' = R - \sqrt{(x' - x_0')^2 + (z' - z_0')^2} \end{cases} \tag{3.1-1}$$

2)反射强度信息修正

从图3.1-1可见,测站附近点云的强度信息较高,离测站间距越远强度信息越低,需要强度值的修正。地面激光扫描仪记录的原始反射强度值受多个变量的影响,其中入射角和距离起着关键作用。激光反射强度值模型为:

图3.1-1 展开后隧道点云

$$I = F_1(\rho)F_2(\cos\theta)F_3(D) \tag{3.1-2}$$

式中：F_1——目标反射率ρ的函数；

F_2——激光入射角θ的函数；

F_3——测点距离D的函数。

利用架站式激光扫描仪扫描隧道时，为了减少点云测距误差，一般将扫描仪设置在隧道中心的位置，入射角与测点距离有式(3.1-3)的关系：

$$\cos\theta = \frac{R}{D} \tag{3.1-3}$$

激光反射强度值模型为：

$$I = F_1(\rho)G(D) \tag{3.1-4}$$

式中：$G(D) = F_2(\cos\theta)F_3(D) = F_2\left(\frac{R}{D}\right)F_3(D)$。

通过式(3.1-4)可见，影响竣工隧道激光点云强度值的主要因素是物体表面反射率和测点距离。测点距离对反射强度值的影响函数可以表达为拟合多项式的形式：

$$G(D) = \sum_{i=1}^{N} \alpha_i D^i \tag{3.1-5}$$

为了得到徕卡P40扫描仪竣工隧道反射强度值与测点距离的多项式函数，本研究选择没有噪点的测站数据，手动删除了非隧道点云。计算每个测点到仪器中心点的距离，分析了距离与反射强度值的关系。

有效点云到扫描仪的距离为2~25m，反射强度值0.167~0.545，见图3.1-2：测点与仪器中心点越远，反射强度值也越低，最后拟合出强度值与距离的关系多项式函数，本书多项式次数为5次，多项函数系数如表3.1-1所示。

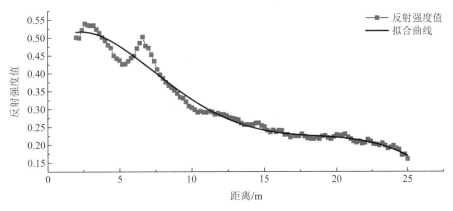

图 3.1-2　反射强度值与距离

考虑距离影响修正的强度值只受物体表面反射率影响，通过修正后反射强度值可以更准确地展现隧道表面真实情况。

$$I_s = F_1(\rho) = \frac{I}{G(D)} \tag{3.1-6}$$

扫描仪反射强度修正多项式系数　　　　　　　　　　表 3.1-1

参数	值	标准误差	t值
α_0	0.46316	0.03572	0
α_1	0.5028	0.02065	0.01653
α_2	-0.01396	0.00408	8.83093×10^{-4}
α_3	0.00104	3.57389×10^{-4}	0.00439
α_4	-3.1519×10^{-5}	1.42205×10^{-5}	0.02871
α_5	-3.32077×10^{-7}	2.09895×10^{-7}	0.1165

修正后的隧道衬砌点云的强度值大致相等（图 3.1-3）：最小强度值为 0.41，最大强度值只为 0.53。考虑距离影响函数，将隧道一个测站点云数据进行反射强度值的修正，见图 3.1-4。图 3.1-4（a）是原始隧道反射强度直方图，强度值为 0.4～0.5 的点数最多，但其范围外强度值的点云数也较多；图 3.1-4（b）是修正后隧道反射强度直方图，点云集中在 0.4～0.5 强度值范围；由图 3.1-4（c）可见，强度修正后强度 0.35 以下或 0.55 以上的点云数量明显下降，强度值 0.35～0.55 的点云数量明显增长。修正后的强度值与测点距离无关，只与物体表面反射率有关，可用于隧道渗漏水检测。由于隧道实际情况及设备的技术参数不同，本书计算的反射强度值修正多项式不具有通用性，应该考虑工程实际情况及扫描仪设备得出相应的修正多项式。

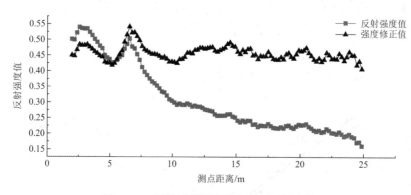

图 3.1-3　原始反射强度值与修正后强度值

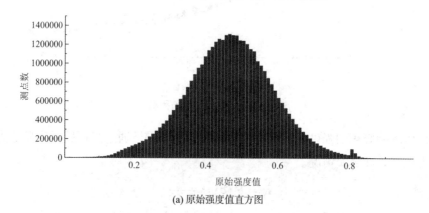

(a) 原始强度值直方图

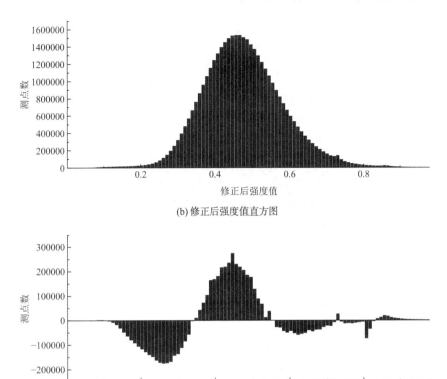

(b) 修正后强度值直方图

(c) 修正前后直方图变化

图 3.1-4 强度值直方图

3）图像生成

展开后的二维点云不能直接转换成图像。图像数据由很多像素组成，每个像素由光的强弱和颜色来表示。灰度图像的像素只包括光的强弱信息（光度），以激光反射强度值作为每个像素的光度可以展现出隧道衬砌表面。灰度图像中每个像素都有明确的位置，即图像数据矩阵的行与列。根据扫描分辨率确定图像分辨率（像素大小a），以像素大小为步长进行二维点云的划分（即栅格化），见图3.1-5。每个栅格对应图像的一个像素，栅格的划分顺序对应图像数据的行与列，将栅格内点的反射强度平均值作为图像数据的灰度值，见式(3.1-7)，进而实现隧道表面灰度图像的转换（图3.1-6）。

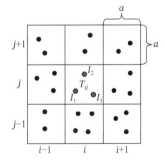

图 3.1-5 点云栅格化

点云栅格化矩阵T为：

$$T_{ij} = \frac{\sum_{k=1}^{n} I_k}{n} \tag{3.1-7}$$

式中：T_{ij}——栅格矩阵i行j列的光度；

n——一个栅格内点数量；

I_k——栅格内点反射强度值。

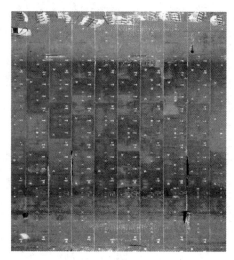

图 3.1-6 隧道衬砌表面反射强度灰度图

3.1.2 图像噪声分类和去噪处理方法

1）图像噪声分类

图像存在噪声其原因是多种多样的,也是非常随机的。基于此许多学者建立了关于噪声的数学模型,将噪声的生成看作随机过程,应用相应的数学方法进行描述和计算。通常使用概率密度分布函数和概率分布函数进行描述和计算。根据分类标准不同,图像噪声分类的结果也不尽相同。根据幅度分布进行分类的话可以分为以下几类:

（1）高斯噪声

高斯噪声是由电路噪声或传感器噪声引起的,其概率密度函数见式(3.1-8):

$$P(x) = \frac{1}{\sqrt{2\pi}\sigma} \exp\left(\frac{-(x-\mu)}{2\sigma^2}\right) \tag{3.1-8}$$

式中：x——图像的灰度值；

μ——图像灰度 x 的期望值；

σ——x 的标准差；

σ^2——x 的方差。

（2）瑞利噪声

瑞利噪声可以借由平均噪声来实现,其概率密度函数见式(3.1-9):

$$p(1) = \begin{cases} \dfrac{2}{b}(x-a)\exp\left[-\dfrac{(x-a)^2}{b}\right] & x \geqslant a \\ 0 & x < a \end{cases} \tag{3.1-9}$$

其中 $a > 0$。瑞利噪声的概率密度期望和方差分别为:

$$\begin{cases} u = a + \sqrt{\dfrac{\pi b}{4}} \\ \sigma^2 = \dfrac{b(4-\pi)}{4} \end{cases} \tag{3.1-10}$$

（3）指数分布噪声

指数分布噪声的概率密度函数见式(3.1-11)：

$$p(7) = \begin{cases} ae^{-ax} & x \geq 0 \\ 0 & x < 0 \end{cases} \tag{3.1-11}$$

（4）椒盐噪声（脉冲噪声）

椒盐噪声的概率密度函数见式(3.1-12)：

$$p(J) = \begin{cases} P_a & x = a \\ P_b & x = b \\ 0 & 其他 \end{cases} \tag{3.1-12}$$

（5）伽马噪声

伽马噪声的概率密度函数服从伽马分布，见式(3.1-13)：

$$P(x) = \begin{cases} \dfrac{a^b x^{b-1}}{(b-1)!} e^{-ax} & x \geq 0 \\ 0 & x < 0 \end{cases} \tag{3.1-13}$$

其均值和方差分别为：$\mu = \dfrac{b}{a}$，$\sigma^2 = \dfrac{b}{a^2}$。伽马噪声的分布可以通过若干个指数分布噪声叠加实现。

2）图像去噪方法简述和选取

（1）小波变换

在计算机语言中，图像是使用二维矩阵表示的二维信号，相应的图像处理技术也需要是二维空间上的。小波变换是从傅里叶变换发展而来，其既继承了傅里叶变换思想，又提供了窗口大小可以变换的一种新方法。因其具有自适应能力，在各个领域被广泛使用，包括信号处理、图像处理等方面。

通过小波变换后，图像中的高频噪声分布于小波频率尺度空间的所有部分，而有利信息只存在于部分区域。所以设置不同的阈值就能将存在噪声的高频部分进行去噪，留下幅度大、分布集中的有用信号。

由一维离散小波变换就可以得到二维离散小波变换，二维尺度函数$u(x, y)$和3个二维小波函数$v_H(x, y)$、$v_V(x, y)$、$v_D(x, y)$（其中H、V和D分别代表指示水平、垂直和对角方向）。3个一维尺度函数u和小波函数v的乘积即二维小波函数，见式(3.1-14)。

$$\begin{aligned} u(x, y) &= u(x)u(y) \\ v_H(x, y) &= v(x)u(y) \\ v_V(x, y) &= u(x)v(y) \\ v_D(x, y) &= v(x)v(y) \end{aligned} \tag{3.1-14}$$

式中：$u(x, y)$——一个可分离的尺度函数；

$v_H(x, y)$——水平方向尺度函数；

$v_V(x, y)$——竖直方向尺度函数；

$v_D(x, y)$——对角方向尺度函数。

得到尺度函数和小波函数之后即可得到尺寸为$M \times N$的二维图像$f(x,y)$的离散小波变换，见式(3.1-15)。

$$W_u(0,m,n) = \frac{1}{\sqrt{MN}} \sum_{x=0}^{M-1} \sum_{y=0}^{N-1} f(x,y) u_{(0,m,n)}(x,y)$$

$$W_v^{(i)}(j,m,n) = \frac{1}{\sqrt{MN}} \sum_{x=0}^{M-1} \sum_{y=0}^{N-1} f(x,y) V_{j,m,n}^{(i)}(x,y) \tag{3.1-15}$$

$$(i) = \{H, V, D\}$$

其中：$N = M = 2J$，$j = 0,1,2,\cdots,J-1$；$m,n = 0,1,2,\cdots,2j-1$，j为小波分解的级数，J为分解的步数。$u_{(0,m,n)}(x,y)$为尺度函数，$V_{j,m,n}^{(i)}(x,y)$为细节函数，W_u和$W_v^{(i)}$分别表示小波变换的近似系数和细节系数，通过离散小波反变换就可以得到$f(x,y)$，见式(3.1-16)。

$$f(x,y) = \frac{1}{\sqrt{(1^n N)}} \sum_m \sum_n W_u(0,m,n) u_{0,m,n}(x,y) +$$

$$\frac{1}{\sqrt{MN}} \sum_{(i)=H,V,D} \sum_{j=0}^{\infty} \sum_m \sum_n w_v^{(i)}(j,m,n) V_{j,m,n}^{(i)}(x,y) \tag{3.1-16}$$

利用小波分解对图像进行一级分解，得到一个低频子图像和三个高频子图像的集合。之后进行二级小波分解，只对低频子图像继续划分，同样得到一个低频子图像和三个高频子图像的集合。将此过程持续进行，就会得到越来越多的子图像。其过程见图3.1-7。

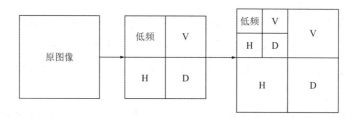

图3.1-7　小波变换示意图

（2）小波阈值的选取

阈值的选取会对图片去噪质量造成一定的影响，选取过大，图像清晰度不够，也会丢失部分高频信息；选取过小，去噪效果就会较差。目前使用较多的为硬阈值函数和软阈值函数。

硬阈值函数原理见式(3.1-17)：

$$W = \begin{cases} 0 & |W| < T \\ W & |W| \geq T \end{cases} \tag{3.1-17}$$

式中：T——阈值；

W——小波变换后得到的系数矩阵。

当小波系数的绝对值小于规定的阈值时，将其置零；系数绝对值大于规定的阈值时，则保留不变。由式(3.1-17)可知，硬阈值函数对大于阈值的系数并不处理，这样就会降低滤波效果。

软阈值函数见式(3.1-18)：

$$W_{\mathrm{T}} = \begin{cases} \mathrm{sgn}(W)(|W|-T) & |W| \geqslant T \\ 0 & |W| \leqslant T \end{cases} \quad (3.1\text{-}18)$$

即当小波系数的绝对值小于规定阈值时，置零；小波系数的绝对值大于规定阈值时，分两种情况：若小波系数为正值，则令其减掉阈值；若小波系数为负值，则令其加上阈值。

目前软阈值函数因其具有连续性，减少图像细节部分的丢失，效果较好，应用广泛，所以本研究的阈值函数选取软阈值函数。

（3）中值滤波

中值滤波是采用固定的滑动窗口对图像进行滤波，其基本原理即用周围所有像素的中值替代当前像素点的像素值，如果有奇数个数字则取中间值，偶数个数字则取中间两个数字的平均值，见图3.1-8。相比线性滤波来讲，该方法能更多地保留图像的细节，对图像的模糊也有一定的抑制作用。

图3.1-8 中值滤波示意图

使用中值滤波去噪时，要根据图像特点选择合适的滤波窗口形状，如方形、圆形、十字形、线形等多种形状。另外窗口尺寸有 3×3、5×5、7×7、9×9 等，按照从小到大进行试验，选取合适的窗口尺寸。

（4）均值滤波

均值滤波属于线性滤波，类似于中值滤波，也是比较简单的一种滤波方法。其原理是计算某一特定滤波内所有像素的算术平均值，将计算所得的算数平均值作为中心点对应的新的像素值。移动该模板，遍历图像上所有的像素之后即完成了一次滤波。模板的尺寸有 3×3、5×5、7×7、9×9 等，以 3×3 为例，其算数平均值模板为：

$$\frac{1}{9}\begin{bmatrix} 1 & 1 & 1 \\ 1 & 1 & 1 \\ 1 & 1 & 1 \end{bmatrix}$$

最中心的1为该像素的中心元素。

使用算数均值的计算和原理都较为简单，但也带来了一些不利影响，如对图像有一定程度的模糊，图像边缘不清晰，且其去噪效果随着模板尺寸的增大会降低。所以，学者就使用了加权均值来提高图像的清晰度。

（5）高斯滤波

高斯滤波也是一种线性滤波，对去除高斯噪声非常有效。其原理是用一个模板来遍历整张图像，扫描每一个像素值，用加权平均值来替换模板的中心值，以达到去噪的目的。其去噪效果要优于均值滤波。原始图像经过滤波之后得到滤波图像，其数学公式可以表示为：

$$g(x,y) = f(x,y) \times G(x,y)$$
$$G(x,y) = \frac{1}{\sqrt{2a\sigma}}\exp\left(-\frac{x^2+y^2}{2\sigma^2}\right) \quad (3.1\text{-}19)$$

式中：σ——gauaaian低通滤波器的特征参数。根据系数值来确定高斯模板，见式(3.1-20)：

$$\frac{1}{16}\begin{bmatrix} 1 & 2 & 1 \\ 2 & 4 & 2 \\ 1 & 2 & 1 \end{bmatrix} \tag{3.1-20}$$

3）中值滤波与小波变换相结合的去噪方法

为获得最优隧道中去噪图像，对所获得的隧道图像（图 3.1-9）进行试验，将上述的几种去噪方法进行对比分析。

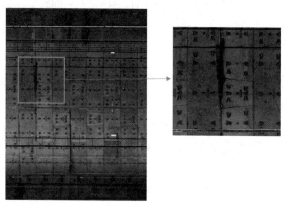

图 3.1-9　渗漏水病害原图

由图 3.1-10 中的对比分析可以看到，经过中值滤波和均值滤波处理后的图像，图像中的椒盐噪声都可以被很好地去除，但图像都存在一定程度的模糊，可以看到在图像的细节处造成了缺失，见图 3.1-10（a）、图 3.1-10（b）。使用小波变换处理完的图像[图 3.1-10（d）]可以看到图像在细节处保存完好，与原图并无较大差别，且有效去除了高频噪声。

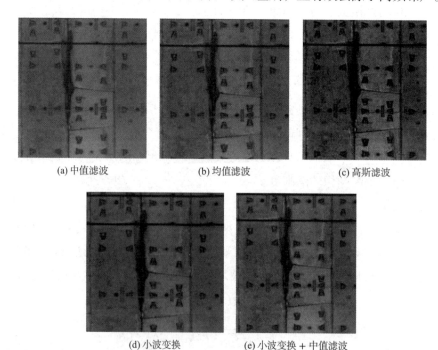

(a) 中值滤波　　　(b) 均值滤波　　　(c) 高斯滤波

(d) 小波变换　　　(e) 小波变换 + 中值滤波

图 3.1-10　去噪方法对比图

因扫描获得的图像中具有椒盐噪声和高频噪声,所以本书选用了中值滤波和小波变换相结合的方法进行去噪。具体步骤为:

首先,将图像输入,进行小波变换一级分解,得到一个低频子图像和三个高频子图像,选取软阈值函数去除高频图像中的高频噪声;之后再对上一步中的低频子图像进行二级分解,又会得到一个低频子图像和三个高频子图像的图集,继续对高频子图像进行软阈值处理,将剩余的高频噪声彻底去除。使用小波变换去除高频噪声之后会得到一个小波系数,用于之后的图像合并。其次,将去除高频噪声的图像再进行中值滤波处理。选用窗口尺寸大小为 3×3,将图像中的椒盐噪声去除。最后,使用之前获得的小波系数进行图像的重构和合并,得到完整的去噪后图像。

3.1.3 算法识别

1) One-stage 检测算法

(1) YOLO 算法

YOLO(You Only Look Once)是将目标检测转换成为了分类回归,其基本思路是将输入的图片划分成 $S\times S$ 的小格子,每个格子里都有可能包含所检测的物体,然后以这些格子为单位进行预测,基本结构见图 3.1-11。YOLO 自问世以来,进行了不断地改进和优化,现有 YOLOv1、YOLOv2、YOLOv3、YOLOv4、YOLOv5、YOLO9000。将几种模型进行对比研究,见表 3.1-2。YOLO 使用了 3×3 卷积层、1×1 的瓶颈层,整个网络共有 24 个卷积层和 2 个全卷积层。网络结构相对来说较为简单,计算速度较快,有较好的检测效果,mAP 能达到 63.4%,检测速度 45fps。但很难定位准确目标,对背景识别较好。

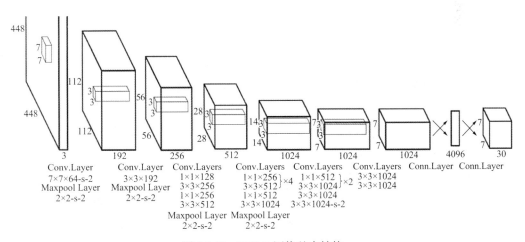

图 3.1-11 YOLO 网络基本结构

YOLO 网络对比　　　　　　　　　　　　　　表 3.1-2

名称	检测速度/fps	mAP/%	优点	缺点
YOLO	45	63.4	检测速度快,对背景识别效果好	目标定位不准确
YOLOv2	67	76.8	使用 k-means 聚类算法	不能输入任意大小的图像

续表

名称	检测速度/fps	mAP/%	优点	缺点
YOLOv3	20	57.9	提升了预测精度，背景误检率低，尤其是加强了对小物体的识别能力	位置检测准确率低，召回率低

（2）SSD 算法

YOLO 算法的缺点是对小物体的检测精度不够，且定位不够准确，而 SSD 算法就较好地克服了这些缺点。SSD 算法（Single Shot MultiBox Detector）是基于 VGG16 网络进行修改和开发的，作者将 VGG16 后面的两层全连接层替换为 3×3 的卷积层，然后增加了一个 1×1 的卷积层。SSD 网络可以直接进行检测和特征图的输出，而 YOLO 是使用全连接层再做检测，经过这样的修改之后，算法检测的速度更快。SSD 算法可以提取不同尺度的特征图进行检测，小物体的检测可以使用大尺度的特征图，大物体的检测也可以使用小尺度的特征图，见图 3.1-12。

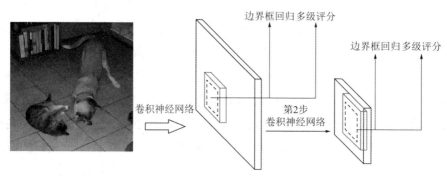

图 3.1-12　SSD 基本构架

2）Two-stage 检测算法

一阶段检测算法是不用经过候选框的过程，直接转化为回归问题；两阶段检测则是先使用滑动窗口在图像上确定候选框，确定检测区域，然后再使用分类器根据先前提取出的特征进行识别和分类等。两阶段算法以 CNN 系列为代表，以下主要介绍一下 R-CNN 算法、SPPNet 算法、Fast R-CNN 算法、Faster R-CNN 以及 Mask R-CNN 算法。

（1）R-CNN 算法

R-CNN 算法是 Girshick 等在 2014 年提出的。该系统大体分为以下 3 个步骤：首先要对候选区域进行选取，然后对每个候选区域的特征向量进行选取，最后再使用 SVM 分类器对上述特征区域分类。在产生候选区域的部分 R-CNN 使用的是 Selectric Search 算法，该算法的过程为：首先将图像分块，将可能性比较大的两块区域进行合并，合并方法有梯度直方图或者颜色直方图；其次把合并完成的区域输出便是所需要的候选区域。Selectric Search 是通过选择性地搜索来对整张图像进行遍历，这样就减少了搜索工作量，降低了搜索时间，提高了工作效率。但是该方法产生的特征候选区域尺寸大小是不固定的，并且在下一步提取特征向量的过程中 R-CNN 将所有的候选特征区域尺寸变为 227×227。并且使用遍历选取候选区域在每张图像上都会产生近 2000 个候选区域，所以会有重叠部分，导致运行速度受限。

R-CNN 算法的基本步骤可以概括为：

① 获取并输入图像。

② 提取候选区域（每张图片大约 2000 个）。

③ 调整图像尺寸为 227×227，将候选区域输入 CNN 网络。

④ 将 CNN 输出的结果输入 SVM 分类器中进行类别判别。

通过改进 R-CNN 算法，算法的准确率大幅提升，从之前的 35.1%到了 53.7%，在特征检测方面也有了突破性提升。该算法现在已经在很多领域有了应用，但是也存在一定的局限性，即该算法对图像进行目标特征的自动检测过程较慢，需要的时间较长。

（2）SPPNet 算法

在空间金字塔池化（Spatial Pyramid Pooling Net）出现之前的图像检测算法对于输入图像的尺寸都有一定的严格要求，必须要将固定尺寸的图像输入进行，如 ImageNet 要输入 224×224，LenNet 要输入 32×32，还有的网络需要输入 96×96 等，但经过剪裁等方式处理过的图像会有一定程度的数据损失，从而导致检测精度有所降低。而 SPPNet 算法的出现改变了这种困境，该算法可以在网络中输入任意尺寸的图像，最后可以输出一个尺寸一致的固定值。SPPNet 算法的基本结构见图 3.1-13。

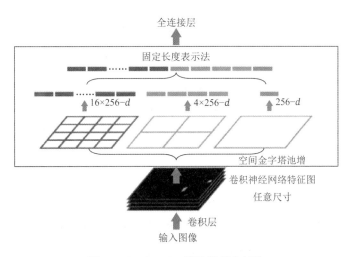

图 3.1-13　SPPNet 算法的基本结构

原始图像经过 CNN 网络后只有一个特征图像，即整张图像的特征图。然后网络就会将特征图传输到 SPP 层（空间金字塔变换层），在这里就是前文所述的将特征图转换为固定大小。SPP 层会将每个候选区域分为 1×1，2×2，4×4 三张子图像，然后就会对这三张子图像进行最大池化处理，得到特征，再将这些特征合并，传送给全连接层进行处理。使用 SVM 分类器进行分类。SPPNet 给了后面的算法对于图像尺寸变换的思考，但是其也是使用了 SVM 分类器，且其获得的特征需要写入磁盘，所以训练速度还是较慢，精度也有待提高。

（3）Fast R-CNN 算法

Fast R-CNN 算法是在 R-CNN 算法上演变而来的，做了一系列的改变，最终得到了较好的结果。针对于 R-CNN 算法上的缺陷，Fast R-CNN 做了以下修改：①直接对整张图像进行卷积，不再是对每个特征区域进行卷积，而是像 SPPNet 一样对整张图像进行卷积，减少了计算量，缩短了计算时间。②使用 ROI 池化层进行尺寸的统一。Fast R-CNN 中还是使用了全连接层，所以图像在输入全连接层的时候需要将尺寸统一。在经过 ROI 池化之后，每个区域提案都被分解成 $H \times W$（H、W 是层超参数）的网格。③将回归器放入网络一起训练。每个训练的类别都会得到一个回归器，代替了之前的 SVM 分类器，并且增加了 Softmax 分类器，使计算速度更快。VGG16 的 Fast R-CNN 算法在训练速度上比 R-CNN 快了近 9 倍，比 SPPNet 快大概 3 倍；测试速度比 R-CNN 快了 213 倍，比 SPPNet 快了 10 倍。该算法的基本结构网络见图 3.1-14。

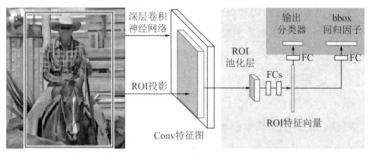

图 3.1-14　Fast R-CNN 算法基本结构网络

Fast R-CNN 算法还将损失函数形式变换为多任务损失，这样就简化了网络分类和定位这两个输出层的结构，分类和定位不再需要分步进行训练，提高了训练效率。另外，使用多任务损失只需要将后续任务可以继续使用的信息储存，将无用信息舍弃，节省了储存空间和检测时间。但是该算法在产生区域提案的时候使用的还是选择性搜索的方法，所以检测速度受限于区域提案的生成。

（4）Faster R-CNN 算法

Faster R-CNN 算法是 Ross B. Girshick 在 2016 年提出的，该算法是将先前的 SPPNet 算法和 Fast R-CNN 算法相结合，将二者的优点进行融合，使得特征提取、提案提取、包围盒、分类都合并集中到同一个网络中，计算速度便大幅加快。基于 2016 年的计算机硬件水平，通过 CPU 处理一张图像所需时间最短为 0.2s，但是还是无法满足实际工程和检测的需要。Faster R-CNN 通过加入区域建议网络 RPN（Region Proposal Network）使检测可以在 CPU 上进行，这样处理图像的速度提升到了 10ms，比 Fast R-CNN 计算速度更快，故将其称为 Faster R-CNN。

Fast R-CNN 算法沿袭了之前 CNN 的 Selectric Search 方法来寻找候选框的，如前文所述，这种方法会遍历整张图像，导致计算时间长、效率低。而 RPN 网络的加入就可以用来解决这一问题。使用 RPN 网络代替 Selectric Search，计算速度得到了明显提升，并且能够节省磁盘空间。

Faster R-CNN 的具体训练步骤如下：

① 将已经训练好的模型导入，训练 RPN 网络。

② 通过第一步训练好的 RPN 网络来收集提案，得到提案和可能性大的区域。

③ 训练 Faster R-CNN 网络，将得到的提案和可能性大的区域导入。

④ 经过 softmax 进行分类。

图 3.1-15 为 Faster R-CNN 算法流程。

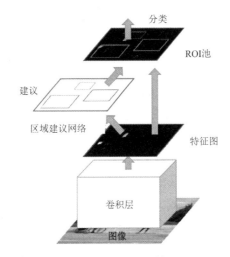

图 3.1-15　Faster R-CNN 算法流程图

（5）Mask R-CNN

Mask R-CNN 是在 Faster R-CNN 的基础上进行改进的新型算法，在 Faster R-CNN 上增加了一个分支。该分支添加在了 ROI 层，可以用来预测分割掩码层，所以称为掩码层（Mask Branch）。虽然增加了一个小的分支，但是该分支占用的计算时间很少，并没有降低该算法的运行速度。Mask R-CNN 网络的运行速度可以达到 5fps，对目标物体的类别和位置信息的检测比较精准，添加了掩码层后还可以获取 Mask 掩码。其基本结构见图 3.1-16。

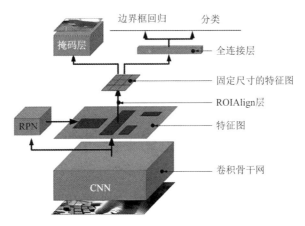

图 3.1-16　Mask R-CNN 算法的网络框架结构图

Mask R-CNN 算法步骤：

① 将需要处理的图像输入，进行图像的预处理；然后把图片输入已经训练好的网络中提取特征图。

② 对特征图设定足够多的感兴趣区域（ROI），以便获得更多的候选感兴趣区域。

③ 将获得的候选感兴趣区域输入 RPN 网络进行二值分类和 Bounding-box regression，留用比较符合条件的 ROI。

④ 对这些留用的 ROI 进行 ROIAlign 操作，即将特征图中的像素和训练模型中的特征进行对应。

⑤ 最后，在每一个 ROI 中进行分类、BB 回归和掩码的生成。

在上述步骤中，可以看到 Mask R-CNN 使用 ROIAlign 来对 ROI 进行操作，这一步就是对候选区域进行微调，使检测结果更加准确。该步的具体步骤是先将 ROI 区域划分为 4 个 2×2 区域，在这 4 个小区域中随机选取 4 个采样点，然后再选取距离 4 个采样点最近的 4 个特征点，通过双线性插值的方法获取采样点的像素值；计算每个小区域的 MaxPooling，最后可以生成 ROI 区域的特征图，大小为 2×2。

Mask R-CNN 算法在 Faster R-CNN 的基础上对结构进行了调整和改进。引入了自上而下的特征金字塔网络 FPN（Feature Pyramid Network）。FPN 网络能够在不增加计算量的前提下，提升对小物体的检测能力。其将不同尺度的特征在上采样后相加，再进行 3×3 卷积消除掉重叠部分，然后在不同尺度的特征上进行预测。此过程能够不断重复，最终就会得到最佳分辨率和特征图。

3.1.4　开源网络算法对比试验

基于已有的目标检测算法选取一阶段检测和两阶段检测算法进行试验，以此选取合适的目标检测算法。一阶段检测算法中选择 YOLO 进行试验，两阶段算法中选取 Fast R-CNN 和 Mask R-CNN 进行试验。本次试验为控制变量，选取同一张隧道图像进行渗漏水的识别。

1）One-stage 算法试验

YOLO 算法较为简单，算法运算时间较快，其检测效果见图 3.1-17（a）。使用了 Github 上的开源代码进行试验，有部分图像检测准确度不够，在边缘和定位上存在一定缺陷。但其运算速度较快，可以在预检测的时候使用，但后期需要人工现场测量和定位。

2）Two-stage 算法试验

Two-stage 算法中使用了两种算法进行试验，分别是 Fast R-CNN 和 Mask R-CNN，两种算法均使用了 Github 上的开源代码进行试验。

如前文所述 Fast R-CNN 算法需要输入固定尺寸的图像，本次试验输入图像尺寸为 600×360。具体操作步骤如下：

（1）输入隧道测试图像。

（2）利用 Selectric Search 算法在图像中从上到下提取 2000 个左右的建议窗口（Region Proposal）。

（3）将整张图片输入到 CNN 网络中，进行特征的提取。

（4）把建议窗口映射到 CNN 的最后一层卷积 feature map 上。

（5）通过 ROI pooling 层使每个建议窗口生成固定尺寸的 feature map。

（6）利用 Softmax Loss（探测分类概率）和 Smooth L1 Loss（探测边框回归）对分类概率和边框回归（Bounding Box Regression）联合训练。

试验检测结果见图 3.1-17（b）。检测过程中特征提取了 2000 多个 Region Proposal，需要大量的硬盘空间，所以导致运行速度变慢，平均每张图片的检测速度为 47s。检测效果与 YOLO 算法相比，准确度更高，但是占用计算机硬盘，数据检测时间较慢。

Mask R-CNN 算法也是使用了 Github 上的开源代码进行试验。第一个阶段扫描图像并生成提议（proposal，即有可能包含一个目标的区域），第二阶段将 proposal 分类并生成边界框和掩码。其具体步骤为：

（1）输入隧道图像。

（2）将图片输入 CNN，进行特征提取。

（3）用 FPN 生成建议窗口（proposal），每张图片生成 N 个建议窗口。

（4）把建议窗口映射到 CNN 的最后一层卷积 feature map 上。

（5）通过 ROIAlign 层使每个 ROI 生成固定尺寸的 feature map。

（6）最后利用全连接层分类、边框，mask 进行回归。

使用 Mask R-CNN 进行训练的结果见图 3.1-17（c），使用该网络能够获得较好的识别效果。但是有部分渗漏区域的边界是不够清楚的，在后期会根据代码选取合适的网络进行训练，最终得到最优的检测结果。

将识别算法进行横向对比，对比结果见表 3.1-3。

算法时间和精度对比　　　　　　　　　　　　　表 3.1-3

算法	运算时间/s	检测精度/%
YOLO	35	85
Fast R-CNN	47	93
Mask R-CNN	45	95

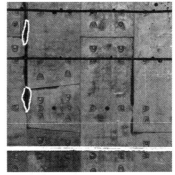

(a) YOLO 算法

(b) Fast R-CNN 算法

 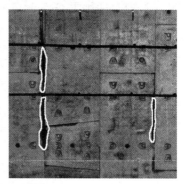

(c) Mask R-CNN 算法

图 3.1-17　各算法结果对比图

通过表 3.1-3 看到，在运行速度上 YOLO 比较占优势，运行速度比较快，而两阶段的检测算法都比较慢；但是在检测精度上，两阶段的两种算法都比较准确，能够将图片中的所有渗漏区域检测出来。但是 Fast R-CNN 在输入图像的时候会有尺寸的拉伸和裁剪，可能会导致部分渗漏区域被裁掉或者之后计算面积出现失误。综上所述，本书将采用 Mask R-CNN 进行隧道渗漏水的识别，并在后面通过更新算法和修改部分内容进行渗漏面积的计算。

3.1.5　工程应用实践

1）隧道图像的预处理

（1）图像去噪处理

本次扫描长度 2km，扫描得到数据量 8G，按照上节点云栅格化的方法将强度值修正后的展开点云转换成灰度图。理论上每个栅格内存在最少 1 个观测点，由于上述预处理点云简化后两个邻近点云间距为 5mm，因此栅格大小设定为 5mm。隧道内存在照明线及其固定架，点云预处理过程中将这些设施认为噪点进行去噪，相应的位置不存在观测数据，因此灰度图上部存在若干白色的区域。由于本书利用架站式扫描仪观测点与激光存在一定的入射角，有些螺旋孔内部信息扫描仪无法获取，因此灰度图上有些螺旋孔位置的图像为白色。

经过 Amberg Rail 初步裁剪后得到 800 张图片，图片格式为 tiff 格式。Amberg Rail 可以导出清晰度不同的隧道图像，分为高分辨率、中分辨率和低分辨率三档，本次导出图像全部为高清隧道图像。导出后的图像需要进行去噪处理，去噪后的图像见图 3.1-18。经过去噪后的图像减少了椒盐噪声和高频噪声的存在（图 3.1-19），为后续的检测渗漏水工作奠定了一定的数据基础。

 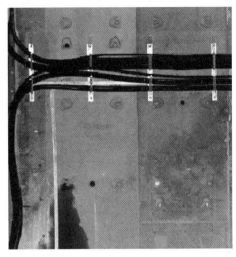

图 3.1-18　去噪后图像　　　　图 3.1-19　去噪后截取的部分图像

（2）数据集的标注和建立

原始图像分辨率为 1000×1400，数据总量为 800 张，见图 3.1-20。使用图像标注软件 Lebalme 对图像进行标注（图 3.1-21），将图像加载到系统中，然后使用铅笔标注工具对渗漏水区域进行标注，并命名为 tunnel leaking。标注完成后，图像中的标注信息会保存在 json 文件里（图 3.1-22），包括文件路径、文件名称、图像大小等。在全部标注完成后（图 3.1-23），按照 COCO 数据集的格式，对文件目录进行整理，以便后续模型的训练。

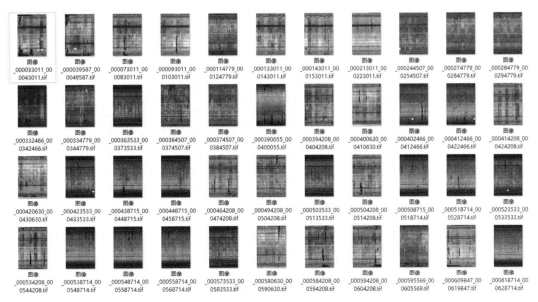

图 3.1-20　原始图像数据

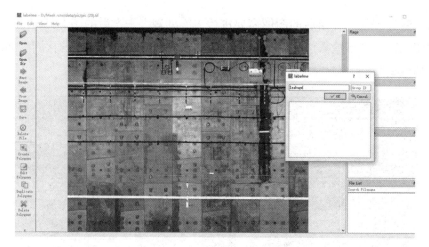

图 3.1-21　Lebalme 标注界面

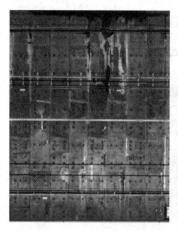

图 3.1-22　json 标注文件

图 3.1-23　Lebalme 标注完成的渗漏水区域

因使用现有的图像进行训练难以保证准确率，所以对现有的图像进行图像数据集扩充。通过改变图像亮度使模型能够在不同亮度条件下进行渗漏水检测；通过平移改变渗漏水位置；通过旋转改变渗漏水区域的朝向和姿势；通过对原始图像的截取使得训练集获得更多不同视野的图像。这样经过对数据集的扩充，数据集变为了原来的 5 倍，总共 4000 张图像。原图和数据增强后的对比图像，见图 3.1-24。

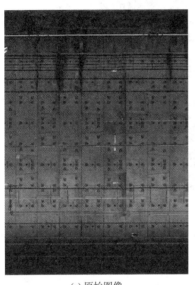

(a) 原始图像　　　　　　　　　　(b) 裁剪后图像

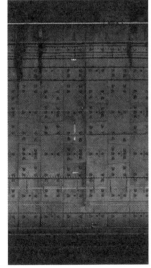 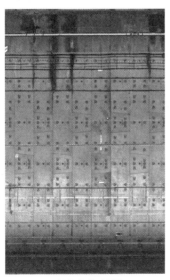 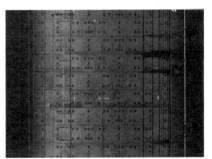

(c) 平移后图像　　　(d) 调整亮度后图像　　　(e) 旋转后图像

图 3.1-24　数据增强后图像

2）渗漏面积计算

在识别出渗漏区域后，为解决识别面积的计算，对原代码进行了部分修改，使其能够显示渗漏水的面积。修改后进行识别的结果，见图 3.1-25。该数字显示的是像素面积，所以还要对应现场实测面积进行比例参数的确定。

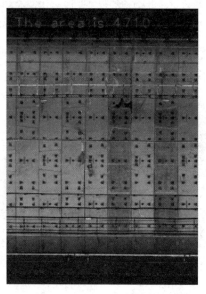

图 3.1-25　面积计算

根据现场的实测数据对比训练结果的数据，同一渗漏水位置，利用比例关系可以得到改进后的算法面积和实测面积之间的关系为：

$$S = k \times S(\text{TDLD}) \tag{3.1-21}$$

式中：S——实测面积；
　　　k——比例系数；
$S(\text{TDLD})$——算法得到的渗漏水面积（m^2）。

为确定比例系数 k，使用 100 张图像检测数据和实测面积进行数据比对。将两种数据导入 Excel 中进行比例系数的计算。100 个数据见表 3.1-4，计算得到的函数见图 3.1-26。

S 和 $S(\text{TDLD})$数值　　　　　　　　　　表 3.1-4

序号	S/m^2	$S(\text{TDLD})/m^2$
1	2.34	1.78
2	4.56	3.98
3	3.56	2.78
4	2.65	1.98
5	3.72	2.78
6	4.98	4.01
7	1.09	0.73
8	0.78	0.45
9	3.53	2.33

续表

序号	S/m²	S(TDLD)/m²
10	2.35	1.56
11	6.64	5.43
12	0.54	0.21
13	0.74	0.54
14	1.54	1.04
15	3.76	2.54
16	4.75	3.64
17	2.74	1.34
18	1.63	0.97
19	2.74	1.54
20	7.54	6.39
21	4.21	3.64
22	6.32	5.89
⋮	⋮	⋮
⋮	⋮	⋮
96	0.53	0.21
97	2.31	1.64
98	1.43	0.65
99	3.54	2.43

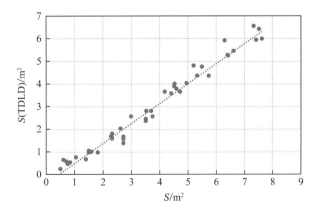

图 3.1-26 S 和 S(TDLD)关系示意图

由式(3.1-21)计算得到每个渗漏水点的 k 值，将其取平均，最终得到 $k = 1.44$。经过图像的验证，使用该值计算得到的面积与实际面积基本相符。

由此可得出以下结论：

（1）现有的目标检测算法包括一阶段检测算法和两阶段检测算法，一阶段检测算法过程简单，检测速度相比较而言更快，但是检测小区域的效果较差；两阶段的检测结果较为准确，但需要检测的时间就会相应增加。

（2）对相应的检测方法进行试验对比，得到使用两阶段检测算法对识别隧道中的渗漏水较为准确，而其中 Mask R-CNN 算法的计算效率较高，本书使用 Mask R-CNN 算法进行运营段地铁隧道的试验，并通过实际工程验证了该算法的实用性。

（3）提出了架站式扫描仪隧道反射强度值修正方法，建立了 Mask R-CNN 改进算法，实现了隧道中渗漏水区域的快速精确识别及渗漏水面积的准确计算。

3.2 红外热成像渗漏水检测技术研究及应用

3.2.1 红外热成像检测原理

由维恩位移定律可知，物体最大辐射度的波长与其自身温度成反比。物体最大辐射度波长与其温度的定量关系，见图 3.2-1，可知当物体最大辐射度对应的波长为远红外（热红外）波段时，物体的温度范围为 $-79.96 \sim 209.82℃$，涵盖了正常环境下的大部分物体温度。因此，根据维恩位移定律，通过红外热成像技术，可以获取物体及其周围的温度信息。

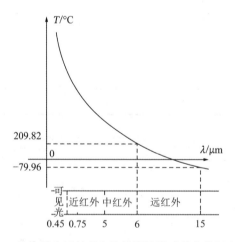

图 3.2-1 物体最大辐射度为热红外波段时对应的温度范围

在隧道渗漏水检测领域，主要使用的方法有：人工检测法、视觉方法以及红外热像法检测等。其中人工检测法是使用最广的检测方法，主要通过检测人员对隧道衬砌进行观察、触摸等方式来检测是否存在渗漏水，但是这种检测方式存在信息量低、主观性强和检测效率低的缺点，难以应对隧道工程的快速发展。视觉方法进行渗漏水检测的主要方式是通过对隧道衬砌的可见光图像进行图像处理以检测渗漏水，在可见光图像中渗漏水区域相较于隧道无渗漏水区域会出现灰度差（图 3.2-2），利用该差别特征则可以完成隧道渗漏水的检测和提取,如黄宏伟等进行的隧道渗漏水病害图像识别研究。但是由于该种方法利用的是可见光波长,易受光照条件的影响,这使得在检测过程中对隧道的照明条件有着较高要求,并且在实际检测过程中,部分使用人工检测法发现的渗漏水区域难以在可见光图像中显现出明显的灰度差别。

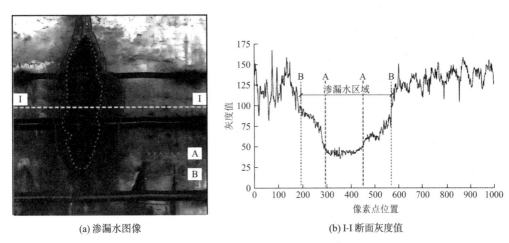

(a) 渗漏水图像   (b) I-I 断面灰度值

图 3.2-2   隧道渗漏水区可见光图灰度变化

红外热像法测量的是物体的热辐射强度信息,由于物体热辐射的强度很大程度上受到物体表面温度的影响,因此对于存在温度差别的缺陷特征,可以有效地利用红外热像法检测得到,隧道渗漏水红外辐射特征试验表明渗漏水区域与无渗水区域存在明显的温差特征,见图 3.2-3。这为利用红外热成像法进行隧道渗漏水检测提供了试验基础,但是目前还未出现工程化的隧道渗漏水红外检测系统,利用红外热像法对隧道进行渗漏水检测还主要停留在试验阶段。

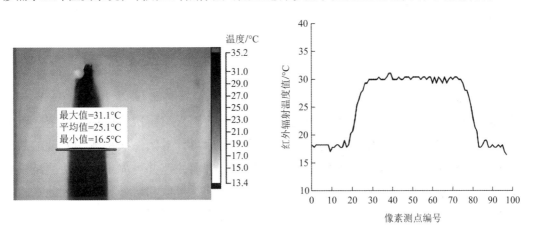

图 3.2-3   渗漏水区域温度变化

3.2.2   基于红外热成像技术的渗漏水检测分析方法及流程

(1) 分析方法

红外辐射是一种电磁辐射,其波长处于 700nm～1mm 之间,长于可见光波长,因此对人眼是不可见的，其中红外热像法使用的是长波长红外，波长范围为 8～15μm。并且红外热像法利用的是物体自身发射的红外热辐射，而根据黑体辐射定律可知，任何温度高于绝对零度的物体都会向外发射红外热辐射，这使得红外热像法可以不受外界光源的影响，并且由斯蒂芬-玻尔兹曼公式可知黑体辐射的强度与黑体热力学温度的四次方成正比，因此基于该原理的红外热成像技术通过测量物体的热辐射能量可进一步得到物体的表面温度。由于热辐射与外界光照条件无关的特性，使得红外热成像技术能够在环境较差的情况下取得良好的成像结果，并且由于其测量的是物体发射的红外辐射，属于一种无接触的无损检测方法，因此广泛用于各种检测情景，见图 3.2-4。

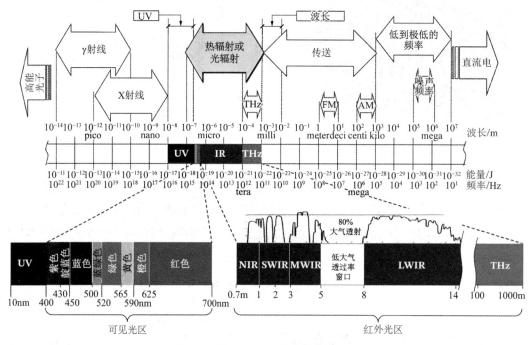

图 3.2-4 电磁频谱

（2）分析流程

隧道的缺陷检测过程中会对一条隧道进行两次检测，第一次检测用于确定隧道中缺陷的位置并判断是否需要精细地诊断和分析，之后再针对第一次检测中发现的缺陷进行第二次检测，以完成缺陷的定性和定量分析，进而快速并可靠地获得检测结果。隧道渗漏水检测分析的主要内容包括：渗漏水的识别、提取和定量分析，因此在检测过程中分两次进行渗漏水的检测和分析，第一次检测用于判断隧道衬砌是否存在渗漏水，以粗略确定渗漏水的位置，此次检测过程中需要对红外热像数据进行实时处理分析，以识别拍摄得到的隧道衬砌红外热像图中是否存在渗漏水，并结合红外热像数据拍摄时的位置完成粗略的渗漏水定位。第二次检测则是针对性地拍摄第一次检测中识别判断存在渗漏水区域的红外热像图，并对该红外热像图进行精确的渗水区提取、定位以及定量分析。

3.2.3 红外热成像模型试验设计

1）试验设备

试验设备采用便携式红外热像仪,见图3.2-5。设备的参数如下:

(1) 像素分辨率:640×480
(2) 位移成像模式:1280×960
(3) 空间分辨率:0.93mRad
(4) 温度量程:−20～+800℃
(5) 热灵敏度:30℃目标温度条件下,≤0.05℃

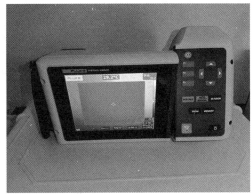

图 3.2-5 便携式红外热像仪

2）试验过程

基于混凝土试块及表面保温防水层,进行渗漏水红外识别试验。由于红外检测只与材料表面的红外辐射率有关,故在保温防水层表面撒布水模拟渗漏水病害工况,见图3.2-6。将红外热像仪安装在距试验模型约1m处,进行渗漏水模型表面的红外温度场观测与数据采集。

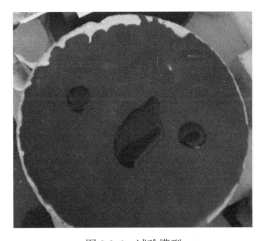

图 3.2-6 试验模型

试验模型的渗漏水红外图像见图3.2-7，由图可以看出，模型表面温度为24～30℃，其中最低温度出现在渗漏水位置，最高温度出现在渗漏水位置以外的保温防水层表面，渗漏水处与干燥处的交界位置为温度的过渡区段。由于渗漏水和保温防水层表面的温度不同，可以通过温度差进行渗漏水识别。

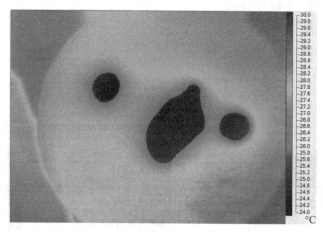

图 3.2-7　试验模型渗漏水红外图像

3.2.4　红外热成像渗漏水识别技术研究

（1）红外热成像图数字化处理

为减少图像数据量，提升运算效率，首先将彩色红外热成像图转换为灰度图。灰度图中红蓝颜色程度可表示检测区域表面温度的高低。颜色越红表示温度越低，颜色越蓝表示温度越高。红外热成像图处理流程，见图 3.2-8。

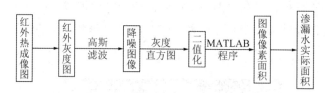

图 3.2-8　红外热成像图处理流程

为保证检测结果的准确性，利用 MATLAB 软件对红外灰度图进行高斯滤波，降低噪声对图像质量的影响。高斯滤波是一种线性平滑滤波，对整张图像的灰度值进行加权平均计算。每个像素点的灰度值均由其本身及其邻域像素点的灰度值加权平均得到，故能够有效抑制图像高斯噪声，平滑图像。

使用灰度直方图确定滤波后图像灰度值的分布情况，将两峰值之间的最小值作为该图像最优二值化阈值。依据不同图像的灰度直方图计算最优二值化阈值可避免因单一固定阈值将含有渗漏水的结构归为正常结构，或将正常结构归为含有渗漏水的结构。依据最优二值化阈值进行二值化处理，结果见图 3.2-9。

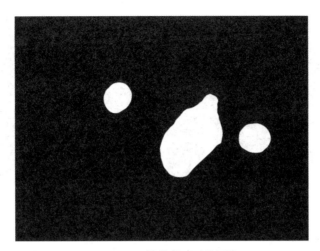

图 3.2-9 二值化处理后的图像

基于 MATLAB 函数库程序，计算所提取的渗漏水面积。根据热成像仪焦距、物距等信息，可计算得到图像像素面积，进而计算得到渗漏水实际面积。

红外热像仪的最小观测目标尺寸 D 为：

$$D = \text{IFOV} \times L \tag{3.2-1}$$

式中：IFOV——空间分辨率；

L——观测距离。

红外设备的空间分辨率 $\text{IFOV} = 0.93\text{mRad}$，观测距离 $L = 0.84\text{m}$，其最小观测目标尺寸 $D = 0.93 \times 10^{-3} \times 0.84 = 0.7812\text{mm}$，则对应红外热相图每个像素面积 $A = 0.7812 \times 0.7812 = 0.6103\text{mm}^2$。

将 MATLAB 程序计算的结果与热图像像素面积相乘得到渗漏水区域实际面积为：

$$0.6103 \times 946 = 577.34\text{mm}^2$$

（2）现场应用验证

基于北京地铁 16 号线某区间、北京地铁 8 号线某地下车站轨行区间渗漏水治理工程，利用红外热像仪进行渗漏水检测识别，经图像处理、渗漏水实际面积计算等程序，最终实现地下工程红外热成像渗漏水识别技术。红外热成像渗漏水识别现场，见图 3.2-10。

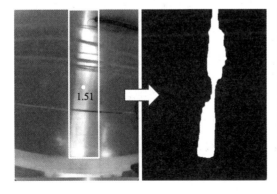
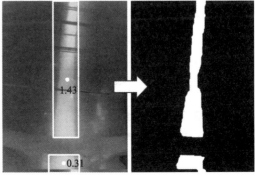

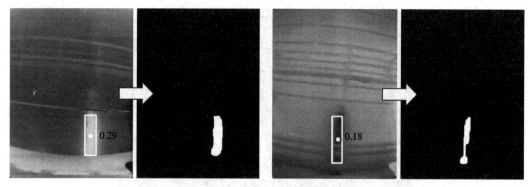

图 3.2-10 红外热成像渗漏水识别现场图

(3) 识别精度分析

分别采用人工检测方法和红外热成像检测方法对北京地铁 16 号线某区间、北京地铁 8 号线某地下车站轨行区间两项渗漏水工程进行对比检测。首先使用人工检测方法共检测渗漏水病害计 11 处,然后再利用红外热成像检测方法进行病害复测,最终 11 处渗漏水病害全部被检出,现场检测率达到 100%。渗漏水检测结果对比,见表 3.2-1。

由表 3.2-1 可看出,渗漏水病害红外热成像检测方法的识别精度 $\leqslant 1 cm^2$,且由红外热成像检测方法得到的渗漏水区域面积与人工检测方法实测渗漏水区域面积的误差在 10% 以内。

渗漏水检测结果对比　　　　表 3.2-1

序号	实测面积/m²	红外热成像识别面积/m²	识别精度/cm²	误差/%
1	1.4983	1.5102	≤1	−0.79
2	1.4559	1.4337	≤1	1.52
3	0.3192	0.3107	≤1	2.66
4	0.3000	0.2942	≤1	1.93
5	0.1910	0.1847	≤1	3.30
6	0.3321	0.3430	≤1	−3.28
7	0.3542	0.3811	≤1	−7.59
8	0.6560	0.6446	≤1	1.74
9	0.1522	0.1636	≤1	−7.49
10	1.1224	1.0300	≤1	8.23
11	1.4672	1.3725	≤1	6.45

3.2.5 工程应用

除在地铁施工及运营区间外,红外热成像渗漏水检测技术在站厅渗漏水治理工程、热力管廊渗漏水治理工程等多处工程中得到成功应用。现场渗漏水病害红外识别图像,见图 3.2-11。

第3章 城市地下工程渗漏水快速检测与评价研究

(a) 站厅装修层渗漏

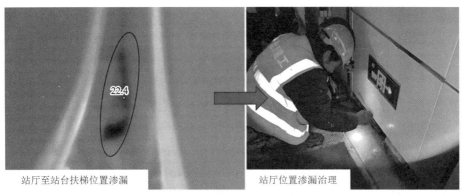

(b) 站厅至站台扶梯位置渗漏

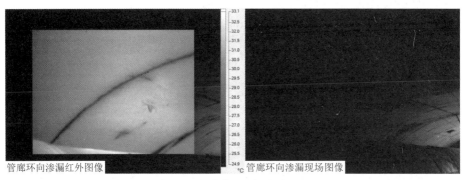

(c) 管廊环向渗漏

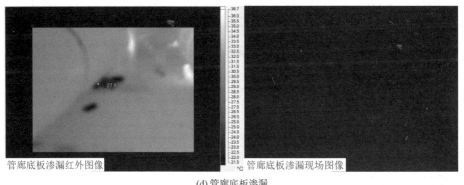

(d) 管廊底板渗漏

图 3.2-11　渗漏水病害红外识别图像

3.3 探地雷达渗漏水检测技术研究及应用

3.3.1 探地雷达渗漏水检测原理

地下结构背后渗漏水病害往往处于结构后方隐蔽位置，致使地下结构背后渗漏水病害检测对象存在不可见性，因此如何对地下结构背后渗漏水病害进行检测是控制施工质量、消除质量隐患、保障地下结构运营安全的关键。

物探技术的快速发展为地铁隧道管片后脱空及渗水病害检测提供了重要手段，其中探地雷达（Ground Penetrating Radar，GPR）技术是一种用电磁波反射来确定隐蔽目标体的技术，并以其无损、快捷以及浅层高分辨率的优势被广泛应用于工程地质及隧道工程病害检测中。GPR是一种对介质表面下的特征高辨识率成像的电磁波技术，该技术通过天线连续拖动的方式向隧道管片的外法线方向发射高频电磁波，电磁波信号在传播过程中遇到存在电性（介电常数）差异的界面时，会反射、透射和折射。反射的电磁波被与发射天线同步移动的接收天线接收后，通过雷达主机精确记录反射回的电磁波的运动特征，获得隧道管片背后介质的断面扫描图像，通过对扫描图像进行处理和图像解译，达到识别管片后渗漏水病害目标体的目的。

电磁波的传播取决于介质的电性，介质的电性主要有电导率μ和介电常数ε，前者主要影响电磁波的穿透深度，在电导率适中的情况下，后者决定电磁波在该物体中的传播速度。因此，所谓电性界面也就是电磁波传播的速度界面。不同的地质体（物体）具有不同的电性，在不同电性地质体的分界面上都会产生回波。电磁脉冲波旅行时间t为：

$$t = \sqrt{4z^2 + x^2}/v \approx 2z/v \tag{3.3-1}$$

式中：z——勘察目标体的埋深；

x——发射、接收天线的距离（因$z \gg x$，x可忽略）；

v——电磁波在介质中的传播速度。

3.3.2 结构背后病害的雷达特征分析

地下结构背后病害出现的位置主要集中于结构背后1m范围内的区域。结构层（30cm）、回填/注浆层（约30cm）、岩/土层（约40cm），结构背后渗漏水病害常出现在回填、注浆层和岩、土层中或结构层和回填、注浆层的交界位置。实际情况中，隧道结构的各层介质材料均为非均匀色散介质，电导率和介电常数均存在一个变化范围。为了简化模型，本书在进行空洞正演模拟过程中作如下设定。

（1）选取各层介质的电导率和介电常数均为确定值，见表3.3-1。

地下结构正演模型参数　　　　表3.3-1

结构	相对介电常数	静态电导率/（ms/m）
结构层（混凝土）	6	0.002
回填/注浆层（混凝土）	8	0.002
岩/土层	15	0.005

（2）结构层为钢筋混凝土结构，为了更好地获取病害的雷达特征，在进行正演模型搭建时去掉了钢筋以避免钢筋带来的干扰。

基于表 3.3-1 中的参数，分别建立了不同大小、不同深度的隧道管片后脱空和渗水病害共 16 个，并利用 GPRMax 软件进行正演模拟。基于上述 2 种病害目标对其不同大小和不同深度分别进行建模，脱空病害区域中的介质均为空气，渗水病害区域中的介质为水土混合物，其他条件均相同。因雷达波的穿透深度主要取决于地下介质的电性和中心频率，本研究主要应用 400MHz、900MHz 两个频率进行正演模拟。

3.3.3 渗漏水病害的正演模拟

分别对不同埋深、宽度和高度的渗水区域进行建模对比，见图 3.3-1。所得探地雷达图像，见图 3.3-2。

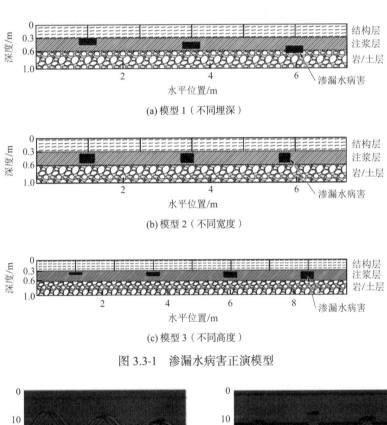

图 3.3-1 渗漏水病害正演模型

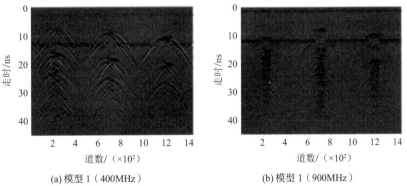

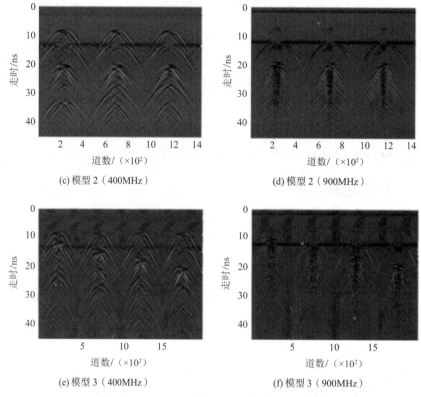

图 3.3-2 以 A 扫描道组合形式呈现的渗水病害雷达图像

从图 3.3-2 可以看出：结构层、注浆层及岩/土层 3 层的分层特征较为明显，渗漏水病害在雷达图像上均呈现为开口向下的抛物线状，电磁波在穿越渗漏水病害时产生明显绕射，病害体内多次反射现象在雷达图像中不明显；对于同尺寸渗水病害模型，随着其埋深的增加，抛物线在雷达图像中呈现整体向下偏移的情况，且抛物线顶端的振幅值逐渐减小；在其他条件相同的情况下，抛物线的曲率随着渗水病害模型宽度的减小而逐渐减小；在其他条件相同的情况下，随着渗水病害模型高度的增加，模型底面在雷达图像中的反射界面也随之向下偏移，绕射现象也愈加明显。另外，相较于 400MHz 雷达图像，900MHz 雷达图像有更高的分辨率，细部信息更加丰富，层位及异常顶底界面更加明显。

3.3.4 结构背后病害识别与属性划分

（1）病害识别

对采集的雷达数据首先进行如下处理：①零线设定；②背景去噪；③一维滤波；④小波变换；⑤增益处理。从处理后的雷达图像即可确定病害可能出现的区域，然后对该区域进行识别和分析，判断该区域是否存在病害并且属于哪一种可能的病害。探地雷达数据病害信息的识别首先要对原信号进行必要的分解，以便获取信号中反映隧道管片背后脱空和渗水病害信息的特征指标。本书主要采用 K-L 变换的信号分解方法，然后再利用追踪算法，实现病害的识别。核匹配追踪方法是通过贪婪算法在基函数字典中寻找一组基原子的线性组合来逼近目标函数，该线性组合即为所要求解的决策函数。

已知测量N次的样本数据为(x,y)，其中(x,y)均为N维向量。目标是通过一种方法找到x与y之间的映射关系。匹配追踪算法将这种关系定义为若干基函数的线性组合，即：

$$y = \sum_{i=1}^{N} \alpha_i g_i + R \tag{3.3-2}$$

式中：y——样本数据的测量值；

α——伸缩系数；

g——基函数；

R——数据残差；

N——测量次数。

令函数$g_i = K(x,y)$，$K(x,y)$为核函数。常见的核函数有高斯核函数、多项式核函数、S形核函数等。本书采用的高斯核函数为：

$$K(x,y) = e^{\left(-\frac{x-y}{2\sigma^2}\right)}, \ \sigma \neq 0 \tag{3.3-3}$$

核匹配追踪方法的基本流程为：首先将训练数据从输入空间映射到高维希尔伯特空间中，通过计算样本间的核函数值来代替样本在高维空间中的向量内积，并由相应的核函数值生成基函数字典，最后采用贪婪算法求解。根据本书的病害识别方法，对渗漏水病害的正演模拟结果进行处理。识别结果见图 3.3-3（以模型 1 为例）。

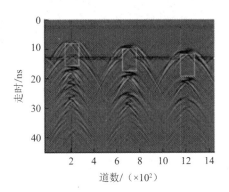

图 3.3-3　渗漏水病害模型识别结果

（2）病害属性划分标准

地下结构各层介质的地球物理特征决定了电磁波在其中传播的形态，因此探测区域介质的地球物理特征是地质雷达检测成果解释的重要依据。当地下结构背后出现病害时，"混凝土、水、岩/土"三相比也会相应发生变化，相对介电常数的变化成为探地雷达方法检测病害的理论依据之一。

目前数据解释暂无法对隧道病害进行分类，地下结构异常区域解释结果基本采用含水等笼统概念，解释结果无法直接有效指导渗漏水治理方案。根据现场普查分析和试验，本书在分析综合资料的基础上，将地下结构背后渗漏水病害属性划分为 2 个类别：一般渗漏水和严重渗漏水,判断的依据为雷达回波的波组形态、振幅和相位特性、吸收衰减特性等。

隧道病害属性划分及其图谱特征见表 3.3-2。渗漏水异常根据其发育规模以及危害程度可分为一般渗漏水异常和严重渗漏水异常,根据不同标准采取针对性治理措施。

渗漏水病害属性划分及图谱特征　　　　　表 3.3-2

序号	病害属性	图谱
1	一般渗漏水	顶部反射信号能量较强、下部信号衰减较明显;同相轴较连续、频率变低
2	严重渗漏水	顶部反射信号能量强,底部反射波不明显,信号衰减快;同相轴较连续、频率变低

3.3.5　工程应用

为验证地质雷达对结构背后渗漏水病害的探测效果,选择盾构隧道区间进行探测试验,该区间部分管片表面在拼装施工完成后出现渗漏水现象。现场雷达数据采集,见图 3.3-4。

图 3.3-4　渗漏水病害雷达检测现场

渗漏水病害探测采用的仪器为 GR-IV 型便携式探地雷达主机(图 3.3-5)和 400MHz、900MHz 雷达屏蔽天线。雷达数据采集的相关参数设置如下:①天线中心频率为 400MHz、900MHz;②采样时窗分别为 70ns、25ns;③采样点数为 512;④共设置测线 4 条,其中在隧道两侧各布置测线 2 条,分别在隧道的上肩部和中部,4 条测线呈对称分布。

图 3.3-5　便携式探地雷达仪器

对采集的雷达数据依次进行数据预处理和病害识别。其中,根据地铁盾构区间的实际情况,本研究中的管片层、注浆层、岩/土层的相对介电常数分别设置为 6、8、15。以测线 1(肩部位置)为例,处理后的探地雷达图像,见图 3.3-6。

对处理后的探地雷达图像进行病害识别,结合现场调查并排除各种干扰信号引起的异常后，按照病害属性划分标准对病害属性进行判定，本探测试验结果为：共检测出渗漏水异常区 13 处。其中测线 1 检测出 4 处渗漏水异常区；测线 2 未发现明显异常区；测线 3 检测出 3 处渗漏水异常区；测线 4 检测出 6 处渗漏水异常区。

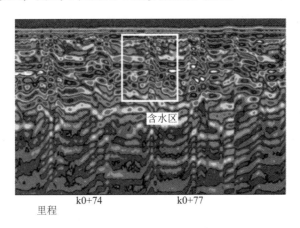

图 3.3-6　探地雷达图像

3.4　本章小结

（1）通过点云展开与坐标转换方法将三维点云转换成二维点云，进而利用反射强度信息生成了二维平面的灰度图像，有效点云的检测范围达到 2～25m。基于点云数据建立了隧道衬砌反射强度值与测点距离的多项式函数，提出了扫描仪隧道衬砌表面反射强度值修正方法，修正后的强度值与测点距离无关，只与物体表面反射率有关，验证了该技术用于隧道区间渗漏水检测的可行性，同时也验证了该技术能更准确展现隧道衬砌表面真实渗漏水情况。

（2）提出了"中值滤波 + 小波变换"相结合的去噪方法，将图像噪声进行分类和去噪处理，既有效去除了图像中的椒盐噪声，又使得处理后的图像在细节处保存完好，与原图并无较大差别，从而有效去除了高频噪声。该去噪方法实现了图像的重构和合并，最终得到了隧道区间表观渗漏水完整的去噪后图像。

（3）基于隧道衬砌表面渗漏水图像特征，建立了 Mask R-CNN 改进算法，使得图像特征检测准确率提高 53%，并提升了算法的整体性能和泛化能力。构建了基于 TensorFLow 计算框架的渗漏水面积 Python 计算代码，通过机器学习和深度学习方法，实现了图像处理速度达到 0.204s/张，并建立了现场实测数据与模型训练结果数据的比例关系，最终实现了隧道区间表观渗漏水区域的快速精确识别及渗漏水面积的准确计算。渗漏水病害检测区域包括管片环缝与纵缝位置、螺栓孔与预埋件位置、裂缝位置等，对比检测结果表明，三维激光扫描隧道区间表观检测技术的渗漏水病害检测率≥98%。

（4）利用便携式高精度红外热像仪快速准确采集红外热成像数据，提出了将彩色红外热成像图转换成灰度图，用以表示渗漏水检测区域表面温度高低。利用 MATLAB 软件对红外灰度图进行高斯滤波，使用灰度直方图确定滤波后图像灰度值的分布情况，将两峰值之间最小值作为该图像最优二值化阈值，有效避免了因单一固定阈值将含有渗漏水的结构归为正常结构，或将正常结构归为含有渗漏水的结构，并最终得到了二值化处理后的图像，消除了图像中的"高低温"噪声。

（5）根据热成像仪焦距、物距、图像像素等信息，建立了基于红外热成像的建筑表观渗漏水面积计算方法，实现了快速准确获取地下建筑结构表观渗漏水位置、形态及面积。通过多项地下工程渗漏水检测验证了红外热成像地下建筑结构表观渗漏水检测技术的识别精度达到 $\leqslant 1cm^2$，检测率 $\geqslant 95\%$。

（6）根据结构背后渗漏水探地雷达检测回波的波组形态、振幅和相位特性、吸收衰减特性等方面特征，建立了地下工程结构背后渗漏水病害属性划分标准，构建结构背后渗漏水病害特征图谱，最终实现了结构背后渗漏水病害程度、深度、大小的快速准确检测。

第 4 章

城市地下工程渗漏水治理材料及性能评价

经调研，多数的地铁隧道以复合衬砌结构为主，一旦出现渗漏，表明结构防水功能失效，且二衬与初支之间出现渗漏水通道。针对此类型渗漏水，最有效的是采用迎水面注浆的方式来填塞或胀塞渗漏水通道，从而达到堵漏的目的。而且地铁二衬背后和初支的缝隙区域特点是隙宽较小，需要浆液填充充分，能与衬砌紧密结合，结合体致密紧实；另外地铁隧道施工作用窗口期短，列车反复振动也对浆液性能，尤其是柔韧性、粘结性提出了更高要求。目前常用的注浆治理材料包括有机和无机两大类，无机材料主要为普通硅酸盐水泥、水泥水玻璃双液浆等，但均存在析水率高，结石体稳定性差等弊端，严重影响渗漏水治理的效果和耐久性。有机材料一般为溶液，该类浆液渗漏性强，主要有水玻璃类注浆材料、丙烯酰胺类注浆材料、聚氨酯类注浆材料、丙烯酸盐类、环氧树脂类注浆材料和甲基丙烯酸酯类注浆材料。理想的注浆材料其一般性能应符合下列要求：浆液稳定性好，在常温常压下存放一定时间其基本性质不变；浆液是真溶液，黏度小，流动性和可注性好；浆液的凝胶时间可在一定范围内按需要进行调节和控制，凝胶过程可瞬间完成；凝胶体或固结体的耐久性好，不受气温、湿度变化和酸、碱或某种微生物侵蚀的影响；浆液在凝胶或固化时收缩率小或不收缩；凝胶体或固结体有良好的抗渗性能；固结体的抗压、抗拉强度高，不会龟裂，特别是与被灌体有较好的粘结强度；浆液对注浆设备、管路无腐蚀，易于清洗；浆液无毒、无臭，不易燃易爆，对环境不造成污染，对人体无害；浆液配制方便，注浆工艺操作简便；浆材货源广，价格低，贮存运输方便。经大量试验及工程应用调研，发现它们都有各自的不足，例如：聚氨酯类注浆材料处理初期止漏效果明显，但是耐久性差；丙烯酰胺类注浆材料融合能力强，能牢固地黏附于混凝土表面，但是具有中等毒性，危害人的神经系统；而环氧树脂注浆材料黏度高，可注性差，且与潮湿面粘结能力差；丙烯酸盐抗挤出破坏比降较差，高水压下极易被挤出，且吸水能力较差，材料用量多。

另外，在地铁结构渗漏水病害中，变形缝发生的渗漏水病害问题尤为突出，变形缝作为一种防止整体结构因伸缩、沉降等变形被破坏的构造，其内部填充材料及防水措施均需要弹性材料，不适宜采用水泥基刚性材料。并且针对没有明显渗漏通道的结构面渗漏，均可采用结构背水面防水材料的治理方式。传统建筑防水材料包括石油沥青油毡、沥青涂料等防水布板、防水卷材、聚氨酯防水涂料等。存在着对温度敏感、拉伸强度和延伸率低、耐老化性能差的缺点，特别是用于外露防水工程，高低温特性都不好，容易引起老化、干裂、变形、折断和腐烂等现象。最重要的是，传统建筑防水材料如石油沥青油毡、涂料、聚氨酯泡沫等VOC含量极易超标，不符合国家"碳达峰、碳中和"的生态理念。而喷射聚脲材料体防水技术是近年来国内外建筑工程界关注的一项新型技术，在北美等地区得到了比较广泛的应用。目前，喷涂式双组分聚脲在大型水工建筑物中使用较普遍，可以起到防水、防渗的作用，提高大型水工建筑物的防水、防渗性能，进而提升大型水工建筑物在长期水环境中运行的可靠性和使用寿命。聚脲采用高分子混合物材料，通过机械喷射至基面实现瞬间成膜，从而形成与混凝土基面粘结的隔水止渗的防水体系。聚脲除了本身具有的防水性能之外，在施工当中也不惧怕高温和低温的差别，同时聚脲对混凝土的粘结强度达5MPa，远大于混凝土的剥离强度（约2.5MPa），所以在混凝土基材开裂、涂层受拉伸时只在裂缝附近混凝土局部剥离，而其他部位仍牢牢粘结，从而避免了"原位拉伸"，是聚脲喷涂的"皮肤式"防水。但现阶段聚脲主要存在以下几个方面的问题：（1）宽冗余问题。聚脲主要用于建筑物防水防渗材料，集中于屋顶和地基部位，特别是建筑物基础，往往处于水位线以下，聚脲喷涂部位长期处于潮湿状态，现有聚脲底漆胶粘剂不能很好地粘结潮湿界面，影响聚脲防水体系的稳定；（2）多界面问题。在建筑结构中存在混凝土、金属、高分子和陶瓷等界面，混凝土中也有砂石、水泥和金属等多种材料，现有聚脲底漆胶粘剂不适合这种多界面的粘结，往往造成界面脱离问题；（3）耐久性问题。传统聚脲材料由于芳香族胺的存在，对紫外线较灵敏，面涂易老化，长时间处于复杂环境下，干湿、冷热循环后涂层易发生结冰、膨胀、脱层和断裂，从而失去防水防渗的作用；（4）传统聚脲吸水率达到1%以上，吸水后容易引起体积膨胀、强度降低、界面脱离。在寒带地区，冬季结冰，吸水后的聚脲保护层将发生结冰、膨胀、脱层和断裂等建筑病害。

本章围绕系列结构迎水面改性注浆材料以及新型高效背水面治理材料（聚脲喷涂材料），从材料研发、性能对比测试、治理机理等方面对城市地下结构渗漏水治理材料进行介绍。

4.1 改性丙烯酸盐注浆材料

由于丙烯酸盐类注浆材料具有无毒、环境友好、粘结力强、融合能力强、抗挤出能力强等优点而被广泛用于治理地下工程渗漏水问题。丙烯酸盐类注浆材料是以丙烯酸盐为主剂，在引发剂和催化剂作用下，双键发生自由基聚合反应生成线性高分子，紧接着在交联剂作用下，线性高分子交联呈网络结构凝胶，水与网格中所含的大量亲水基团相互作用，依靠氢键、分子键作用力等物理作用可以吸收几倍于自身体积的水，该聚丙烯酸盐凝胶体是溶胀水但不溶解于水的一类特殊材料，因此在动水下不容易被水稀释或冲走。虽然高分子链段中大量亲水基团使其具有良好的溶胀性能，但是其易收缩破裂及柔韧性差而应用范围受限。

本节基于丙烯酸盐注浆材料和环氧树脂胶粘剂各自优点，采用 IPN 技术，以丙烯酸盐、丙烯酸酯、水性环氧树脂和硅氧烷为主剂，在交联剂、引发剂、固化剂和催化剂的作用下，形成互穿交织网络结构聚合物。以有机硅氧烷为前驱体的无机相以纳米级粒子分散到有机相（高分子聚合物）中，并在交联剂和引发剂作用下形成互穿网络结构凝胶。此类杂化凝胶是高分子聚合物与无机物在纳米层次上的复合，兼有无机材料的强度、热力学稳定性和高分子聚合物的功能性，复合凝胶体是一类由无机聚合物网络和无机硅网络相互贯穿形成的新型凝胶，能在凝胶强度和附着力上有很大的突破。制备的有机无机复合杂化凝胶能够改善凝胶的吸水能力和力学强度，以解决现阶段丙烯酸盐类注浆材料柔韧性差、附着力差、吸水性能低和干缩开裂的问题。

4.1.1 样品制备方法

向带有搅拌器的反应瓶中加入一定量的蒸馏水、丙烯酸，及少量阻聚剂，制备丙烯酸盐单体溶液。开启搅拌器，冰水浴下向反应瓶中添加氢氧化物，保持反应体系的中和比为 75~100mol%；反应 10min 后，向反应体系中继续加入氢氧化物调节丙烯酸的中和比为 100~110mol%；继续反应 1h 后，使中和反应产物老化，最后向反应体系中加入丙烯酸以调节丙烯酸的中和比为 70~100mol%。

浆液按体积比 1∶1 双组分注浆设计，将适量硅氧烷偶联剂与蒸馏水混合，搅拌 2h 后加入到丙烯酸盐（浓度 20wt%）和水性环氧树脂以及丙烯酸溶液中反应 30min 后加入交联剂、催化剂，常温常压搅拌 1h 后即制得 A 液。将引发剂和固化剂均匀混合于蒸馏水中，充分搅拌后配成 B 液。

4.1.2 吸水倍率

凝胶通过物理吸附和化学吸附作用附着在混凝土表面。物理吸附主要形式有毛细管作用、氢键、分子间作用力等。毛细管作用主要发生在浆液未固化前，浆液在毛细管作用下进入混凝土的毛细管道，固化后犹如一条条锚索牢固地嵌入混凝土。凝胶与水溶液接触时，会导致离子型亲水基团电离，同时亲水基与水分子的水合作用也使高分子网络结构扩张。如果阴离子固定在聚合物链上，阳离子是可移动的，则阳离子向外扩散后，形成的阴离子间静电斥力也促使网络结构扩张。而为了维持电中性，阳离子不能自由向外部扩散，导致阳离子在聚合物网络内外的浓度差增大，从而造成网络结构内外产生渗透压，使水分子大量渗入。随着网络扩张，聚合物分子链的弹性收缩力也在增加，将逐渐抵消离子键的静电斥力，最终达到吸水平衡。注浆材料堵水防渗机理是通过浆材对裂缝间隙进行充填。因此，凝胶体只有具有较高吸水倍率，才能适应环境的干湿循环、裂缝的变形等，起到长久堵水作用。

凝胶吸水倍率测试方法：采用自然过滤法测定吸水倍率。称取质量为 m_1 的干凝胶于烧杯中，加入过量的蒸馏水，使凝胶充分吸水达到饱和，用自制 100 目尼龙袋去除多余的水分，静止 10min，称量凝胶质量 m_2，则凝胶的吸水倍率 Q（g/g）为：

$$Q = \frac{m_2 - m_1}{m_1} \tag{4.1-1}$$

本试验采用五水平六因素 $[L_{25}(5^6)]$ 正交设计法对丙烯酸中和度、交联剂、促进剂、引发剂、硅氧烷偶联剂、丙烯酸与丙烯酸酯单体配比六个因素进行考察。通过正交试验可知影响试验结果的各因素间主次关系，以期找到最佳合成工艺条件，正交试验因素水平设计见表 4.1-1。

正交试验因素水平设计表　　　　表 4.1-1

水平	因素					
	A 丙烯酸中和度	B 丙烯酸:丙烯酸酯单体配比	C 交联剂	D 促进剂	E 引发剂	F 硅氧烷偶联剂
1	60	1:1	0.01	0.5	0.1	0.1
2	70	2:1	0.04	1.0	0.2	0.2
3	80	3:1	0.08	1.5	0.3	0.3
4	90	4:1	0.12	2.0	0.4	0.4
5	100	5:1	0.16	2.5	0.5	0.5

根据表 4.1-1 中所涉及的因素和水平条件，选用五水平六因素 $[L_{25}(5^6)]$ 正交试验设计，凝胶吸水倍率结果见表 4.1-2。

正交试验方案设计及结果　　　　表 4.1-2

编号	因素						吸水倍率/（g/g）
	A	B	C	D	E	F	
1	60	1:1	0.01	0.5	0.1	0.1	554.4
2	60	2:1	0.05	1.0	0.2	0.2	357.6
3	60	3:1	0.1	1.5	0.3	0.3	340.8
4	60	4:1	0.15	2.0	0.4	0.4	369.6
5	60	5:1	0.2	2.5	0.5	0.5	336
6	70	1:1	0.05	2.0	0.3	0.5	487.2
7	70	2:1	0.1	2.5	0.4	0.1	493.2
8	70	3:1	0.15	0.5	0.5	0.2	331.2
9	70	4:1	0.2	1.0	0.1	0.3	117.6
10	70	5:1	0.01	1.5	0.2	0.4	614.4

续表

编号	因素						吸水倍率/（g/g）
	A	B	C	D	E	F	
11	80	1∶1	0.1	1.0	0.5	0.4	463.2
12	80	2∶1	0.15	1.5	0.1	0.5	254.4
13	80	3∶1	0.2	2.0	0.2	0.1	309.6
14	80	4∶1	0.01	2.5	0.3	0.2	759.6
15	80	5∶1	0.05	0.5	0.4	0.3	481.2
16	90	1∶1	0.15	2.5	0.2	0.3	351.6
17	90	2∶1	0.2	0.5	0.3	0.4	132
18	90	3∶1	0.01	1.0	0.4	0.5	604.8
19	90	4∶1	0.05	1.5	0.5	0.1	718.8
20	90	5∶1	0.1	2.0	0.1	0.2	260.4
21	100	1∶1	0.2	1.5	0.4	0.2	285.6
22	100	2∶1	0.01	2.0	0.5	0.3	690
23	100	3∶1	0.05	2.5	0.1	0.4	655.2
24	100	4∶1	0.1	0.5	0.2	0.5	186
25	100	5∶1	0.15	1.0	0.3	0.1	322.8

图 4.1-1 为正交试验制备的凝胶吸水前后照片，凝胶呈现无色透明状，为了更好地观察凝胶吸水性能，在凝胶制备过程中滴加罗丹明 B 溶液（1×10^{-3}M）使凝胶变为红色。

图 4.1-1　注浆材料形成的凝胶体吸水前（左图）和吸水后（右图）的照片

（1）因素重要性分析

对正交试验结果进行极差分析可以得到两个方面信息：因素重要性、因素水平变化对评价指标的影响规律。为了考察各因素对凝胶吸水倍率影响。计算了 K 值和 R 值，其中 K_1、

K_2、K_3、K_4、K_5 分别为各因素水平下凝胶吸水倍率的平均值，R 表示各因素水平下凝胶吸水倍率平均值的极大值和极小值之差，R 值反映了数据的波动性，R 值（极差）大表明该因素的水平变动对试验结果的影响大，反之说明该因素水平变动对试验结果的影响小。表 4.1-3 为各因素下 K 和 R 值。

各因素对凝胶体吸水倍率的影响 表 4.1-3

因素	水平					
	K_1	K_2	K_3	K_4	K_5	R
A	391.68	408.72	453.6	413.52	427.92	61.92
B	428.4	385.44	448.32	430.32	402.96	62.88
C	644.64	540	348.72	325.92	236.16	408.48
D	368.4	363.84	408.48	446.88	507.84	144
E	336.96	373.2	442.8	423.36	519.12	182.16
F	479.76	398.88	396.24	453.84	373.68	104.08

从表 4.1-3 可知，各因素对凝胶吸水性能的影响主次为 C＞E＞D＞F＞B＞A，即交联剂＞引发剂＞促进剂＞硅氧烷偶联剂＞丙烯酸与丙烯酸酯单体配比＞丙烯酸中和度。交联剂用量的极差最大为 408.48，说明交联剂用量对凝胶体的吸水倍率影响最大；丙烯酸中和度极差最小为 61.92，说明丙烯酸中和度对凝胶体的吸水倍率影响最小。

正交试验方案 $A_2B_4C_5D_2E_1F_3$，即丙烯酸中和度为 0.7，丙烯酸与丙烯酸酯单体配比为 4∶1，交联剂、促进剂、引发剂和硅氧烷偶联剂用量分别为 0.2%、1.0%、0.1% 和 0.3% 时，凝胶体的吸水倍率最小值为 98g/g；正交试验最佳方案为 $A_3B_4C_1D_5E_3F_2$，此时丙烯酸中和度为 0.8，丙烯酸与丙烯酸酯单体配比为 4∶1，交联剂、促进剂、引发剂和硅氧烷偶联剂用量分别为 0.01%、2.5%、0.3% 和 0.2%，凝胶体的吸水倍率最大值为 759.6g/g。

（2）方差分析

与直观分析法相比，方差分析法能较好地分析在不同组之间水平因素所引起的波动和在同一组之内试验误差所引起的波动。在显著性水平 α 值下，根据计算的检验值 F_j 与查表得到的 F 值的大小对比分析该因素的显著性与否。如果 F_j 值大于 F，则说明该因素是显著的，否则是不显著的。如果因素是显著的，则其显著性的可信度是 $1-\alpha$。方差分析结果见表 4.1-4，其中 F 值是因素水平的改变引起的平均偏差平方（S_j）和与误差的平均偏差平方和（S_e）的比值。相关计算公式如下：

$$P = \left(\sum_{j=1}^{5} y_j\right)^2 / 25 \tag{4.1-2}$$

$$S_j = \frac{1}{5}\left(\sum_{j=1}^{5} K_j^2\right) - P \tag{4.1-3}$$

$$S_T = \sum_{j=1}^{5}(y_j)^2 - P \qquad (4.1\text{-}4)$$

$$S_e = S_T - \sum_{j=1}^{5} S_j \qquad (4.1\text{-}5)$$

$$F = \frac{S_j}{S_e} \qquad (4.1\text{-}6)$$

结果表明，A～F 的因素中，交联剂用量存在显著性差异，即交联剂用量对凝胶体吸水性能的影响最大，其原因是交联剂用量决定交联密度的大小，交联点越多，聚合物越易形成三维空间网络结构，从而使样品的吸水量增加。

$\alpha = 5\%$ 时，通过查 F 分布数值表可知 $F_{0.05}(24,4) = 2.78$，因此 F_C、F_E、F_D、F_F 值均大于 2.78，说明因素 C、E、D、F 对凝胶吸水性能有显著影响，置信度高达 95%。而 F_A 和 F_B 值均小于 2.78，说明丙烯酸中和度和丙烯酸与丙烯酸酯单体配比对吸水性能无显著影响。

综上所述，交联剂用量为主要因素，引发剂用量、促进剂用量、硅氧烷偶联剂用量为次要因素，丙烯酸中和度和丙烯酸与丙烯酸酯单体配比为最次要因素。

正交试验方差分析　　　　　　　　　　　表 4.1-4

因素	离差 S	自由度 f	F 值	F 临界值	显著性
A	9452.71	4	1.114	2.78	
B	10957.2224	4	1.291	2.78	
C	561598.8224	4	66.206	2.78	有
D	70576.1024	4	8.32	2.78	有
E	95846.9504	4	11.299	2.78	有
F	35887.6544	4	4.23	2.78	有
误差	33651288.33	24			

除了要知道因素影响的主次关系，还需要了解因素水平变化对指标的影响情况，通过绘制指标-因素曲线，来了解各因素水平与指标之间的关系。

从图 4.1-2 可以看出，丙烯酸中和度为 80mol% 时出现极大值，说明中和度的最佳条件为 80mol%。这是由于混合物中丙烯酸含量越高，聚合速度越快，甚至发生自聚合，反应不易控制，易形成少量高度交联凝胶物，同时低分子量的聚合物增多，使聚合物溶解度增大。但丙烯酸含量过低，聚合物链上阴离子之间排斥力小，聚合物网络空间伸展趋势减小，因此吸水倍率低；随着中和度提高，聚合物网络上固定电荷密度增高，渗透压增大，吸水倍率升高，但中和度过高，原料活性低，不利于聚合，且分子链上的—COO^- 增多，产物水溶性增大，吸水倍率下降。

丙烯酸与丙烯酸酯单体配比为 3∶1 时出现极大值，说明配比的最佳条件为 3∶1。这是由于丙烯酸酯上含有亲水基团能够提高凝胶的吸水倍率，但随着丙烯酸酯含量增加，丙烯酸单体含量相对减少，凝胶网络中钠离子浓度也随之降低，从而引起聚合物网络内外渗透压下降，使得进入凝胶网络的水分减少，致使吸水倍率降低。

硅氧烷偶联剂出现两个极值，从经济性考虑，选择 0.2% 为最佳条件。交联剂、引发剂及促进剂均出现峰值，且由于交联剂、引发剂和促进剂等因素具有单调趋势，为了得到最佳制备添加量，课题组采用控制变量法又进行了单因素试验考察。

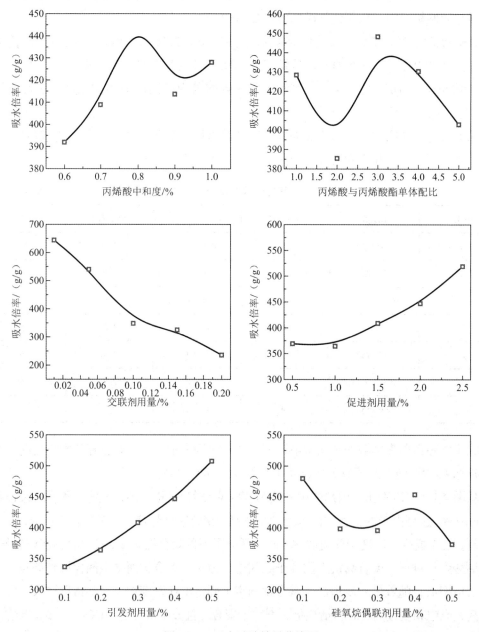

图 4.1-2　正交试验效果曲线图

（3）交联剂用量对吸水性能的影响

固定丙烯酸中和度80mol%，丙烯酸与丙烯酸酯单体配比为3∶1，促进剂和引发剂的用量分别为0.2%和1.5%，硅氧烷偶联剂用量为0.2%。通过改变交联剂用量来考察凝胶吸水性能，见表4.1-5。

交联剂用量对凝胶吸水性能的影响　　　　　　表4.1-5

编号	交联剂/%	丙烯酸中和度/mol%	丙烯酸∶丙烯酸酯单体配比	促进剂/%	引发剂/%	硅氧烷偶联剂/%	吸水倍率/(g/g)
1	0.01	80	3∶1	0.3	1.5	0.2	803.6
2	0.03	80	3∶1	0.3	1.5	0.2	1080.3
3	0.06	80	3∶1	0.3	1.5	0.2	553.6
4	0.09	80	3∶1	0.3	1.5	0.2	389.7
5	0.12	80	3∶1	0.3	1.5	0.2	399.5

图4.1-3为交联剂用量对凝胶吸水性能的影响。从图中曲线走势可知，随着交联剂用量增加，凝胶吸水倍率先增加后减小，当交联剂用量为0.03%时，凝胶吸水倍率最大为1080.3g/g。根据Flory凝胶吸液理论，交联剂用量小，聚合物交联密度不够，不足以形成三维网络结构，因此凝胶在水中的溶解度较大，可以用于吸收水分的比例较少，因此吸水倍率较低；当交联剂用量超过0.03%时，凝胶中交联点太多，形成较为致密的网络结构，所能容纳水分的网络空间较小，水分难以进入凝胶网络结构内部，导致吸水倍率反而降低。因此，交联剂最佳用量为0.03%。

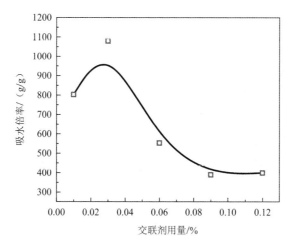

图4.1-3　交联剂用量对凝胶吸水性能的影响

（4）引发剂用量对吸水性能的影响

固定丙烯酸中和度80mol%，丙烯酸与丙烯酸酯单体配比为3∶1，交联剂和促进剂的用量分别为0.03%和1.5%，硅氧烷偶联剂用量为0.2%。通过改变引发剂用量来考察凝胶吸水性能，见表4.1-6。

引发剂用量对凝胶吸水性能的影响　　　　　　　　　表 4.1-6

编号	引发剂/%	丙烯酸中和度/mol%	丙烯酸：丙烯酸酯单体配比	交联剂/%	促进剂/%	硅氧烷偶联/%	吸水倍率/(g/g)
1	0.1	80	3∶1	0.03	1.5	0.2	523.6
2	0.2	80	3∶1	0.03	1.5	0.2	710.2
3	0.25	80	3∶1	0.03	1.5	0.2	812.3
4	0.3	80	3∶1	0.03	1.5	0.2	1080.3
5	0.35	80	3∶1	0.03	1.5	0.2	646.8
6	0.4	80	3∶1	0.03	1.5	0.2	551.9

不同引发剂用量对凝胶吸水性能的影响见图 4.1-4。从图中可知，凝胶的吸水倍率随引发剂用量的增加呈现先增加后减小的趋势。当引发剂用量为 0.3%时，吸水倍率达到最大值 1080.3g/g，高于或低于 0.3%时，都呈现减小趋势。这是由于当引发剂用量较少时，引发剂的分解速率较低，聚合反应体系中杂质及单体中的阻聚剂作用，消耗掉引发剂分解的自由基，能发生聚合反应活性位点较少，链引发反应缓慢，交联反应不易进行，得到平均分子量比较小的凝胶，故吸水速率慢，吸水倍率低。当引发剂用量超过 0.3%时，引发剂的分解速率较大，反应单体的活性位点较多，聚合反应的总速率较大，反应不易控制，容易发生爆聚，得到的凝胶平均分子量较大，在水中的吸水倍率较低。因此，综合分析引发剂用量对凝胶吸水性能的影响可知，引发剂最佳用量为 0.3%。

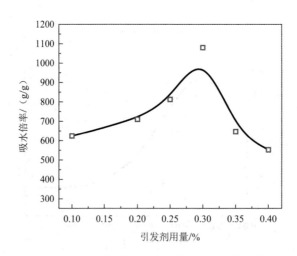

图 4.1-4　引发剂用量对凝胶吸水性能的影响

（5）促进剂用量对吸水性能的影响

固定促进剂中和度 80mol%，丙烯酸与丙烯酸酯单体配比为 3∶1，交联剂和引发剂的用量分别为 0.03%和 0.3%，硅氧烷偶联剂用量为 0.2%。通过改变促进剂用量来考察凝胶吸水性能，见表 4.1-7。

促进剂用量对凝胶吸水性能的影响   表 4.1-7

编号	促进剂/%	丙烯酸中和度/mol%	丙烯酸：丙烯酸酯单体配比	交联剂/%	引发剂/%	硅氧烷偶联剂/%	吸水倍率/(g/g)
1	0.5	80	3∶1	0.03	0.3	0.2	886.3
2	1.0	80	3∶1	0.03	0.3	0.2	923.4
3	1.5	80	3∶1	0.03	0.3	0.2	1080.3
4	2.0	80	3∶1	0.03	0.3	0.2	903.5
5	2.5	80	3∶1	0.03	0.3	0.2	796.7

促进剂用量对凝胶吸水性能的影响见图4.1-5。从图中可知，凝胶吸水倍率随着促进剂用量增加也出现先增后减的趋势，这是因为当促进剂用量较少时，自由基活性较低，产生的自由基浓度较低，链转移不能顺利进行，反应速率慢，致使交联聚合反应不安全，产率低。而促进剂用量增加使反应速率加快，反应完全，产率高。但当促进剂用量过大时，反应速率过快，瞬时反应温度过高，反应所放出的热量难以散发，容易造成爆聚。因此，促进剂用量过大或过小都会使凝胶的吸水性能变差。从能源、成本、产率等因素考虑，促进剂的最佳用量为1.5%。

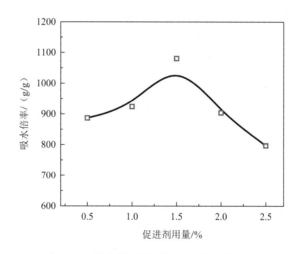

图 4.1-5 促进剂用量对凝胶吸水性能的影响

通过研究注浆材料 A、B 液聚合形成的凝胶体吸水性能，得出了最佳工艺：丙烯酸中和度80mol%，丙烯酸与丙烯酸酯单体配比为3∶1，交联剂、引发剂、促进剂和硅氧烷偶联剂的用量分别为0.03%、0.3%、1.5%和0.2%，该注浆材料的吸水倍率高达1080.3g/g。

（6）水性环氧树脂用量对凝胶吸水倍率影响

固定丙烯酸中和度80mol%，丙烯酸与丙烯酸酯单体配比为3∶1，交联剂、引发剂、促进剂和硅氧烷偶联剂的用量分别为0.03%、0.3%、1.5%和0.2%，取水性环氧树脂用量为0%、5%、10%、15%和20%，固定水性环氧树脂与固化剂单体配合比为5∶1，不同凝胶吸水倍率见图4.1-6。

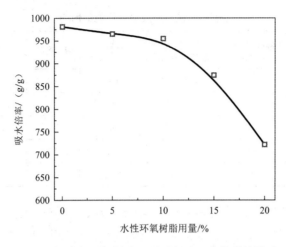

图 4.1-6　水性环氧树脂用量对凝胶吸水倍率的影响

从图 4.1-6 可知,随着水性环氧树脂用量的增加,凝胶吸水倍率整体呈下降趋势。这是因为水性环氧树脂的引入致使三维空间网络较为致密,因此所能容纳水分的网络空间较小,水分难以进入凝胶网络结构内部,导致吸水倍率反而降低。当水性环氧树脂用量低于 10% 时,凝胶的吸水倍率降低较小,降幅仅为 11.5%。水性环氧树脂用量大于 10% 后,凝胶吸水倍率急剧下降,当水性环氧树脂用量达到 20% 时,凝胶吸水倍率下降 33.2%,仅为 721g/g。

（7）固化剂用量对凝胶吸水倍率影响

固定丙烯酸中和度 80mol%,丙烯酸与丙烯酸酯单体配比为 3∶1,交联剂、引发剂、促进剂、水性环氧树脂和硅氧烷偶联剂的用量分别为 0.03%、0.3%、1.5%、10% 和 0.2%,取固化剂用量分别为 0%、1%、2.5%、5%、10% 和 20%,不同凝胶吸水倍率见图 4.1-7。

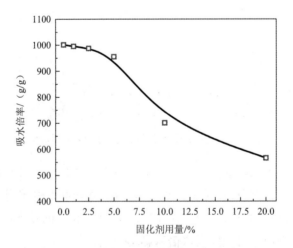

图 4.1-7　固化剂用量对凝胶吸水倍率的影响

从图 4.1-7 可知,随着固化剂用量的增加,凝胶吸水倍率呈下降趋势。当固化剂用量小于 5% 时,凝胶吸水倍率下降幅度较小,这是由于固化剂用量较少时,能与水性环氧树脂提供的环氧基发生固化交联反应的胺基较少,导致无法形成环氧树脂网络结构,此时整个系统中聚丙烯酸盐网络结构占据主导地位,因此吸水倍率较高。随着固化剂含量的增加,与水性环氧树脂充分发生环氧固化反应,形成较多的致密环氧树脂网络,使得水分难以进入凝胶网络结构内部,导致吸水倍率降低。

4.1.3 凝胶时间

凝胶时间一般是指液态树脂或胶液在规定的温度下由能流动的液态转变成固体凝胶所需的时间。凝胶时间太长则无法快速封堵渗漏水,凝胶时间太短则容易堵死注浆管或注浆嘴。因此,只有根据工程的实际情况,选择合适的凝胶时间,才能使注浆材料有效地治理渗漏水。凝胶时间可以通过铁氰化钾和三乙醇胺来调控。

1)室温下凝胶时间

凝胶时间测试方法:在室温25℃下,从 A、B 浆液等质量混合开始用秒表计时,采用倒杯法,记录直至浆液经聚合反应逐步失去流动性形成凝胶所需要的时间,即为凝胶时间。

在改性丙烯酸盐基渗漏水治理材料 A 浆液中加入适量的三乙醇胺或铁氰化钾来加速或延缓凝胶时间。样品凝胶时间、凝胶的吸水倍率及断裂伸长率,详见表4.1-8 和表4.1-9。

铁氰化钾含量对凝胶时间的影响 表 4.1-8

编号	铁氰化钾/%	凝胶时间	吸水倍率/(g/g)	断裂伸长率/%
1	0	1min20s	955	1695
2	0.005	3min34s	951	1683
3	0.01	10min43s	950	1686
4	0.015	19min26s	956	1692
5	0.02	24min52s	948	1698
6	0.025	30min49s	962	1706
7	0.03	35min17s	966	1681

D 组分三乙醇胺含量对凝胶时间的影响 表 4.1-9

编号	三乙醇胺/%	凝胶时间	吸水倍率/(g/g)	断裂伸长率/%
1	0.1	1min29s	955	1695
2	0.2	1min13s	967	1691
3	0.3	43s	974	1693
4	0.4	1min46s	953	1698
5	0.5	3min52s	949	1710

从表4.1-9 可知,在浆液中加入铁氰化钾后凝胶时间延长,随着三乙醇胺的增加,凝胶时间先缩短后延长。三乙醇胺或铁氰化钾的加入可实现在几秒到几十分钟之间调控。同时从表中数据可知,三乙醇胺和铁氰化钾的加入对凝胶吸水倍率以及断裂伸长率影响不大。

2）温度凝胶时间影响

（1）初始动力黏度

动力黏度是反映浆液在流动过程中内摩擦力大小的指标，浆液的动力黏度越低，则流动性越好，渗透性越强。对浆液初始动力黏度影响较大的是浆液所处环境的温度，浆液的动力黏度随着温度的变化而改变。采用动力黏度测定仪测试改性丙烯酸盐基渗漏水治理材料浆液的动力黏度，测试结果见图 4.1-8，其中 A 浆液与 B 浆液的质量比为 1∶1。

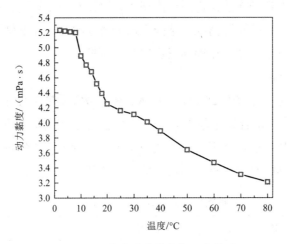

图 4.1-8 浆液动力黏度与温度关系

从图 4.1-8 可知，浆液的动力黏度与温度成负对应关系，在 2℃时浆液的动力黏度为 5.23mPa·s，而在 20℃时浆液的动力黏度减小为 4.16mPa·s，减小的幅度为 20.46%。

（2）黏度时变性

将改性丙烯酸盐基渗漏水治理材料 A 浆液与 B 浆液混合后，随着聚合反应的进行，混合浆液逐渐变黏稠，并最终形成凝胶，见图 4.1-9。浆液在聚合过程中，未达到凝胶状态以前动力黏度变化缓慢，达到凝胶状态时凝胶动力黏度激增。

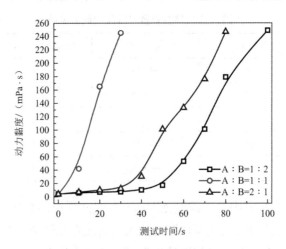

图 4.1-9 浆液的动力黏度时变曲线（20℃）

（3）凝胶时间

图 4.1-10 为浆液凝胶时间受温度以及三乙醇胺（D 组分）或铁氰化钾（H 组分）用量的影响曲线。随着三乙醇胺用量的增加，凝胶时间缩短；随着铁氰化钾的增加，凝胶时间延缓。所处反应环境温度越高则凝胶时间越短。此外，A 浆液越多，凝胶时间越快。

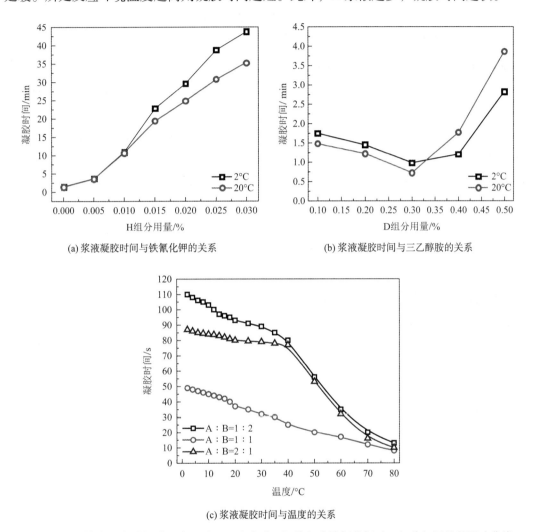

图 4.1-10 浆液凝胶时间受温度以及三乙醇胺（D 组分）或铁氰化钾（H 组分）用量的影响曲线

4.1.4 凝胶与混凝土粘结性能

注浆材料进入渗漏水通道中，要想实现对水流的阻隔，浆液形成的凝胶必须要和结构实现协同作业，而协同作业的基础就是凝胶必须要对结构基面有良好的粘结性能，并具有一定的变形能力，适应结构的变形。浆液进入渗漏水通道后，需要直接接触水泥、钢筋、橡胶、泥砂、已经凝胶的注浆材料，以及其他渗漏水治理方法残留在通道中的材料等，新注入材料性能的凝胶与这些基层的粘结性能，将直接影响材料的堵漏效果及其可靠性。本节主要考察凝胶与混凝土的粘结性能，以期找出改性丙烯酸盐注浆材料的最佳配方。

采用万能电子试验机对改性丙烯酸盐注浆材料的变形性能及其与混凝土界面的粘结性能进行测试，通过材料受拉破坏的断裂伸长率和材料受拉破坏的形态来研究各组分用量对高黏性丙烯酸盐注浆材料的变形性能和交界面粘结性能的影响。试件以水泥胶砂试块为基材，试块的尺寸为160mm×40mm×40mm，将两个试块用胶带缠绕到一起，中间留出7mm的间隙，并在顶部预留灌浆口。将砂浆基材置于平整的桌面上，按照正交试验设计配比混合搅拌均匀的材料灌入试块裂缝中，浆液表面高于胶带表面，然后用滴管调整表面的高度，确保浆液饱满平整，静置等待浆液固化，密封养护24h后将胶带撕开。将试件固定于万能电子试验机的夹具中，安装过程要确保试件的垂直度。其中每个样品设置3~5个试件，用试件的平均值作为试件代表值，减少试验误差。

浆液形成凝胶粘结力主要与聚丙烯酸盐和环氧树脂形成的三维网络结构有关，其中聚丙烯酸盐网络结构由交联密度决定，而影响交联密度最重要的因素是丙烯酸盐和交联剂用量。硅氧烷偶联剂经过水解聚合反应会形成纳米粒子，能增加凝胶体的强度。

（1）丙烯酸盐用量对粘结性能的影响

当交联剂、引发剂、催化剂、水性环氧树脂、固化剂和硅氧烷偶联剂的用量分别为0.03%、0.3%、0.2%、20%、4%和1.5%时，改变丙烯酸盐用量制得一系列试样，测试其与混凝土的粘结性能。

图4.1-11为丙烯酸盐用量对拉伸粘结性能的影响。从图中曲线走势可知，随着丙烯酸盐用量增加，凝胶粘结强度呈现先增大后减小的趋势，断裂伸长率持续增大。当丙烯酸盐用量为20%时，凝胶粘结强度最大为106kPa，这主要是由于丙烯酸盐作为主剂，随着用量的增加，聚合物交联密度增大，便于分子扩散到混凝土表面及内部，因此粘结强度增大。但当丙烯酸盐含量过高，分子间作用力则会限制聚合物链段的活动和扩散，影响分子链和粘结界面的接触，反而使粘结强度降低。

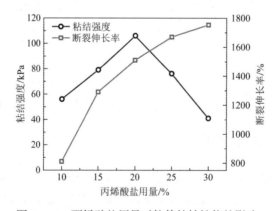

图4.1-11 丙烯酸盐用量对拉伸粘结性能的影响

（2）交联剂用量对粘结性能影响

固定丙烯酸盐用量20%，引发剂、催化剂、水性环氧树脂、固化剂和硅氧烷偶联剂的用量分别为0.3%、0.2%、20%、4%和1.5%，通过改变交联剂用量来考察凝胶粘结性能。

图 4.1-12 为交联剂用量对拉伸粘结性能的影响。从图中曲线走势可知，随着交联剂用量增加，凝胶粘结强度呈现先增大后减小的趋势。当交联剂用量为 0.03%时，凝胶粘结强度最大为 106kPa，这主要是由于交联剂用量增加，交联密度增大，因此粘结强度增大。当交联剂用量超过 0.03%后粘结强度反而减小，可能是由于材料的刚性达到一定强度，分子间作用力增大，限制了聚合物链段的活动和扩散，影响了分子链和粘结界面的接触，使粘结性能下降。随着交联剂的增加，聚合物交联密度增大，分子链的运动受阻、柔性降低、硬度增加，断裂伸长率减小。

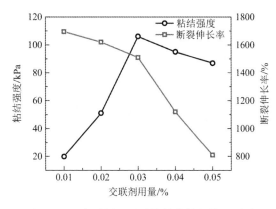

图 4.1-12 交联剂用量对拉伸粘结性能的影响

（3）水性环氧树脂用量对粘结性能影响

固定丙烯酸盐、引发剂、催化剂、固化剂和硅氧烷偶联剂的用量分别为 20%、0.3%、0.2%、0.03%、4%和 1.5%，通过改变水性环氧树脂用量来考察凝胶粘结性能。

水性环氧树脂用量对凝胶粘结性能的影响见图 4.1-13，从图中可知，凝胶粘结强度随着水性环氧树脂用量增加也不断增加，这是因为水性环氧树脂为含有环氧基团的热固性树脂，其分子链密度较大，随着水性环氧树脂的增加，固化物交联程度随之变大，柔性降低，硬度增加。因此水性环氧树脂含量增加时，聚合物分子间作用力不断增大，导致固化物粘结强度增大，相应的断裂伸长率急剧下降。

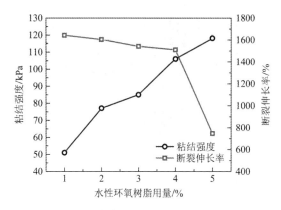

图 4.1-13 水性环氧树脂用量对凝胶粘结性能的影响

（4）固化剂用量对粘结性能影响

固定丙烯酸盐、引发剂、催化剂、交联剂、水性环氧树脂和硅氧烷偶联剂的用量分别为 20%、0.3%、0.2%、0.03%、20% 和 1.5%，通过改变水性环氧树脂与固化剂质量比来考察凝胶粘结性能。

固化剂用量对凝胶粘结性能的影响见图 4.1-14，从图中可知，粘结强度随着固化剂质量分数的增大不断增加，这是因为固化剂为环氧树脂的固化剂，随着固化剂的增加，环氧树脂交联程度随之变大，导致固化物黏度增大。但同时硬度增加，密度增大，柔韧性降低，可塑性变低，因此断裂伸长率下降。

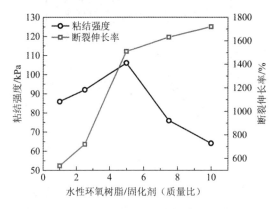

图 4.1-14　固化剂用量对凝胶粘结性能的影响

（5）不同状态下凝胶与混凝土粘结性能

考虑到凝胶吸水膨胀和失水收缩过程，设计了初始状态（密封 24h）、水中养护（0.5d、1d、3d、6d 和 9d）、空气中干燥（0.5d、1d、3d、6d 和 9d）3 种状态下凝胶的拉伸试验，其中每个时间设置 3～5 个试样，用试样的平均值作为试样代表值，减少误差。改性丙烯酸盐注浆材料的各组分配比为：A∶B = 1∶1，试件破坏时的断裂情况见图 4.1-15。

图 4.1-15　凝胶受拉破坏后的断面情况

从图 4.1-15 可以看出，无论是在初始状态、空气中干缩，还是在水中浸泡情况下，改性丙烯酸盐注浆均能与水泥胶砂试块的表面保持良好的界面粘结性能，忽略试件由于偏心受拉和材料内、外部吸水过程中膨胀的不均匀性，可以认为改性丙烯酸盐注浆材料形成的凝胶与水泥胶砂基面的粘结强度高于材料自身。这是由于一方面丙烯酸盐形成的凝胶内钙和镁化合物与水泥胶砂混凝土内的钙离子络合形成化学键，从而产生较高强度的粘结作用，并且低黏度的浆液可沿着混凝土表面的毛细管道进入其内部，极大地加大了凝胶与混凝土表面的接触面积。另一方面，由于环氧树脂固化体系中活性极大的环氧基、羟基以及胺基等赋予了环氧固化物极高的粘结强度。首先浆液完全浸润混凝土，紧密接触，在固化过程中，经过浆液与混凝土间的相互物理及化学作用形成界面层，这种界面物理吸附所提供的粘结强度大大超过环氧树脂固化物的黏聚力。

因此，凝胶在失水过程中，其变形适应能力会下降，但凝胶的抗拉强度随之增强，能防止凝胶由于收缩而断裂。凝胶在水中浸泡后，由于吸水膨胀凝胶的弹性会逐渐减弱，但凝胶的变形能力反而增强，说明改性丙烯酸盐注浆材料形成的凝胶能在结构变形中保持堵漏系统的完整性。

4.1.5 凝胶与凝胶交界面粘结和自愈合性能

试验过程中，分3次将改性丙烯酸盐注浆材料注入透明塑料水瓶充当的模具中，3次浆液凝胶时间间隔为5h和12h，凝胶用保鲜膜包裹密封养护24h后，形成①、②、③3层凝胶，两层交界面，进行手动受拉破坏试验。

（1）交界面粘结性能

凝胶交界面受拉破坏前、后的试件见图4.1-16。由图可以看出，凝胶形成之初，交界面清晰可见，但密封室温放置24h后，交界面不再清晰，交界面凝胶产生黏合。受拉后，凝胶破坏位置远离交界面，且没有向交界面发展的趋势。因此可认为改性丙烯酸盐复合材料在固化时间不一致的情况下的界面强度高于凝胶自身黏聚力，且交界面凝胶产生粘结。

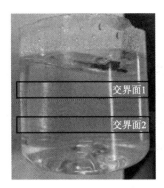 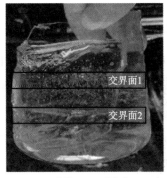 

(a) 密封前，受拉前　　　　　(b) 密封24h，受拉前　　　　　(c) 密封24h，受拉后

图 4.1-16　浆液间隔固化形成的交界面和受拉情况

（2）自愈合性能

凝胶自愈合性测试：用刀片将凝胶从中间切断，其中一段在水中浸泡1h，另一段在罗

丹明溶液（5M）中浸泡 1h，然后将切断浸泡后的两块凝胶放在一起并轻轻挤压，在室温放置 12h 后，观察凝胶断面的愈合情况，并用相机拍照记录。

自愈合试验见图 4.1-17。图 4.1-17（a）是一块完整的凝胶，将其从中间切断浸入水和罗丹明溶液后，形成了图 4.1-17（b）的两块凝胶，将它们接触[图 4.1-17（c）]，轻轻按压放置 12h 后得到如图 4.1-17（d）所示凝胶。对愈合 12h 后的凝胶进行简单的拉伸试验，凝胶并未从切痕处断裂，表明改性丙烯酸盐注浆材料形成的凝胶具有良好的自愈合能力。这是由于断裂面两边大量羧基通过氢键连接形成一种物理交联网络，赋予了凝胶自修复功能。

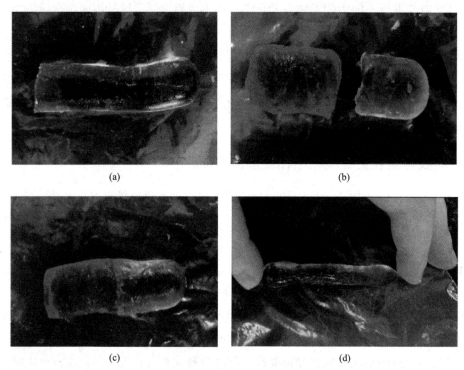

图 4.1-17 凝胶的宏观自愈合照片

4.1.6 交界面微观形貌分析

扫描电子显微镜分析：采用日本 HITACHI S-3500N 型扫描电子显微镜（SEM）对凝胶表面、不同凝胶与凝胶之间的交界面形貌进行观测。将凝胶与凝胶交界面冷冻干燥切片后，放于导电胶上，喷金后在扫描电子显微镜下观察试样微观结构。

（1）凝胶表面微观形貌分析

从图 4.1-18 可知，凝胶表面较为平整，只存在一些规则分布、较小的凹陷或凸起。这说明改性丙烯酸盐材料形成的凝胶高分子链的交联度较高。

图 4.1-18 凝胶表面微观形貌特征

（2）交界面微观形貌分析

图 4.1-19 为凝胶与混凝土交界面的表面微观形貌照片，从图中发现，在经历干燥过程、剧烈的人为扰动（裁切凝胶）后，凝胶和混凝土胶结仍然较为紧密，且凝胶与混凝土表面的接触面积较大。

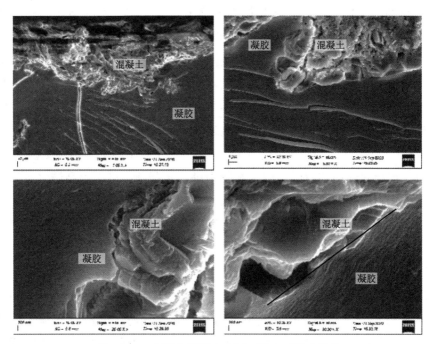

图 4.1-19　凝胶与混凝土交界面的表面微观形貌

图 4.1-20 为不同固化时间的凝胶交界面的微观形貌。从图中可以看出，前、后形成的凝胶粘连在一起，说明前、后凝胶之间存在较强的粘结能力。

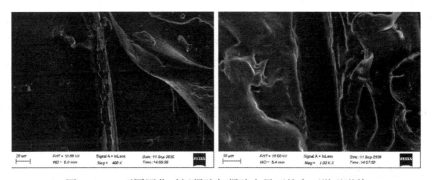

图 4.1-20　不同固化时间凝胶与凝胶交界面的表面微观形貌

4.2　水性聚氨酯注浆材料

现阶段市场上大规模使用的聚氨酯注浆材料绝大多数仍为 20 世纪 90 年代就已使用的油性聚氨酯注浆材料，它是通过与水发生化学反应胀塞在渗漏水部位，从而达到止水目的，其原理是聚氨酯注浆材料灌注进入混凝土裂缝、施工缝、伸缩缝等缺陷部位，材料中的异氰酸根遇水自由发泡，但发泡体强度较低、与混凝土界面粘结强度低，同时发泡体收缩后不会再次吸水膨胀，进而导致复漏比偏高。因此，近年来包括太原、深圳、南京、上海等地区均相继出台了禁用油性聚氨酯治理渗漏水的文件。由此，近年来亲水性聚氨酯封堵剂即水性聚氨酯灌浆料作为油性聚氨酯注浆材料的替代品开始在渗漏水治理工程中使用，该封堵剂是采用聚氨酯预聚体制得，其特征是利用 NCO 过量的聚氨酯预聚体与水反应，交联固化成具有一定反应活性的凝胶或泡沫，该凝胶或泡沫仍具有较强的亲水性，具有以水止水和膨胀堵水的双重作用。亲水性聚氨酯封堵剂这种材料浆液本身并不溶于水，只是在制备过程中采用了具有亲水性的聚醚多元醇，并且固结体可以进一步吸收水分而溶胀。其固化机理是聚氨酯预聚体中过量的异氰酸酯基团与含活泼氢的化合物如 H_2O 发生反应，并产生 CO_2 气体，在比较密闭的环境中 CO_2 气体会形成较大的压力，促使浆液向基材的裂缝、孔隙中进一步蔓延，显著提高堵水效果。但目前水性聚氨酯注浆料存在凝胶时间较长、固水倍率不高、收缩性大等问题。因此需要研制出一种可快速凝胶、固水性强、低收缩并且能够防水堵漏的具有反应活性的环保型水性聚氨酯封堵剂。

为了解决上述问题，应用嵌段聚合理论，设计了改性二异氰酸酯、聚环氧乙烷、聚环氧丙烷、甘油、聚环氧丙烷、聚环氧乙烷、改性二异氰酸酯的分子结构。根据设计的高亲水性能聚氨酯材料分子结构，成功定制并合成了亲水聚醚多元醇并与改性二异氰酸酯（PTDI）、二苯基甲烷二异氰酸酯（MDI）进行聚合反应制备端异氰酸酯基聚氨酯预聚体。以端异氰酸酯基水性聚氨酯预聚体为基体，制备具有高反应活性的亲水性聚氨酯封堵剂。通过配方工艺的优化，开发出一种环保型亲水性聚氨酯封堵剂，实现聚氨酯封堵剂性能的提高。对亲水性聚氨酯封堵剂分子结构设计，选择不同分子结构的多元醇，制备单组分亲水性聚氨酯封堵剂，讨论了体系—NCO 含量、原料种类、助剂种类和用量对封堵剂浆液性能的影响，以及聚氨酯封堵剂固结体的收缩率和收缩再吸水的性能。以聚醚 480、二苯基甲烷二异氰酸酯（MDI）、甲苯二异氰酸酯（TDI）为主要原料，制备端异氰酸酯基聚氨酯预聚体，以高沸点的二乙二醇二甲醚为溶剂，加以催化剂等助剂，制得环保型聚氨酯封堵剂。讨论 R_1、R_2 用量、助剂用量对环保型封堵剂性能的影响。通过调整原料和助剂的用量制得性能优异的环保型聚氨酯封堵剂。

4.2.1 化学组分选择

亲水性聚氨酯封堵剂在水中易分散，在水中能自乳化，可快速固化为凝胶体。同时生成具有反应活性的凝胶体。在固化过程中，聚氨酯与水反应会释放出 CO_2 气体，CO_2 气体在相对密闭的空间中会对未反应的浆液产生二次压力，从而使浆液更完全地填充裂缝。为了发挥聚氨酯封堵剂黏度小、可灌性好、包水量大、固结体膨胀性好的特点，设计在聚氨酯预聚体中引入亲水链段，使预聚体具有良好的亲水性。

1）聚醚多元醇设计

本试验采用 EO 含量较高的聚醚多元醇，设计的聚醚多元醇结构见图 4.2-1。

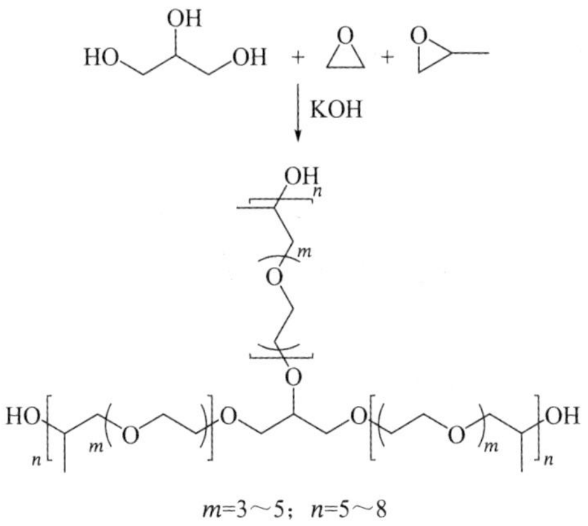

图 4.2-1　聚醚 8903 结构式

聚醚 8903 官能度为 3，EO 含量为 75%，其中每条链段上的 EO：PO = 4：1；聚醚 4060 官能度为 4.5，EO 含量为 85%，是由官能度为 3 的聚醚多元醇 M1 和官能度为 5 的聚醚多元醇 M2 混合而成，其中 M1 和 M2 的比例为 1：4，每条链段上的 EO：PO = 6：1，见图 4.2-2。

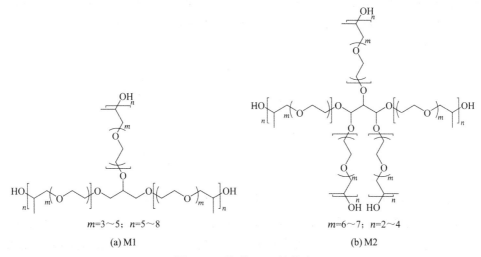

(a) M1　　　　　　　　　　　　　　(b) M2

图 4.2-2　聚醚 4060 结构式

2）聚氨酯反应机理

（1）异氰酸酯和羟基反应

$$R-N=C=O + R'-OH \longrightarrow R-\underset{H}{N}-\underset{O}{C}-O-R'$$

（2）异氰酸酯和水反应

异氰酸酯首先和水反应得到氨基甲酸，由于氨基甲酸具有不稳定性，迅速发生分解反

应生成胺和 CO_2。若反应体系中仍含有较多的异氰酸酯，则胺将与过量的异氰酸酯发生反应并生成取代脲。

$$R-N=C=O + H_2O \xrightarrow{慢} R-N(H)-C(=O)-O-H \xrightarrow{快} R-N(H)-H + CO_2$$

$$R-N(H)-H + R-N=C=O \xrightarrow{快} R-N(H)-C(=O)-N(H)-R$$

由于生成取代脲的速度过快，则反应可以写成：

$$2R-N=C=O + H_2O \longrightarrow R-N(H)-C(=O)-N(H)-R \text{（取代脲）}$$

（3）异氰酸酯和氨基甲酸酯反应

$$R-N=C=O + R'-N(H)-C(=O)-R'' \longrightarrow R-N(H)-C(=O)-N(R')-C(=O)-R'' \text{（脲基甲酸酯）}$$

$$R-N=C=O + R'-N(H)-C(=O)-N(H)-R'' \longrightarrow R-N(H)-C(=O)-N(R')-C(=O)-N(H)-R'' \text{（缩二脲）}$$

异氰酸酯与氨基甲酸酯的反应活性比异氰酸酯与脲基的反应活性低，通常异氰酸酯先与氨基甲酸酯反应生成脲基甲酸酯，而后异氰酸酯与脲基化合物反应生成缩二脲。

3）封堵剂固化机理

浆液遇水后迅速自乳化，体系中预聚体中的 NCO 基团先与水反应，并产生了二氧化碳气体和脲基；过量的异氰酸酯则迅速与脲基反应，生成了缩二脲，体系进一步交联形成具有交联密度的凝胶固结体，该凝胶固结体仍具有与水反应活性，从而能够以水止水、膨胀止水。

4.2.2　样品制备方法

1）多元醇脱水处理

在聚氨酯预聚物制备之前，将聚醚多元醇放置于 100℃烘箱中加热 2～3h，熔融备用。将一定量熔融的聚醚多元醇加入到装有搅拌器的三口瓶中，将其置于含有控温装置的加热套中，使用氮气置换 3 遍，开始抽真空，保持真空度为 $-0.095MPa$，随后边搅拌边缓慢升温至 115℃，保持抽真空 3h 后加热套停止加热，降温至 60℃取出密封贮存备用。

2）异氰酸酯预热处理

在制备聚氨酯预聚物之前，将 MDI100 放置于烘箱中在 80℃的条件下预热 1h，熔融备用。

3）制备水性聚氨酯注浆材料

取一定量脱水后的聚醚多元醇于三口瓶中，保持温度为 60℃，加入催化剂及计量好的 PTDI，控制反应温度梯度升温，使其在 0.5h 内升温至 80℃，反应 2.5~3h，此时体系中的异氰酸根指数记为 R_1。后降温至 60℃左右，加入计量的 MDI，升温至 80℃反应 1h，此时体系的异氰酸根指数为 R_2。降温至 45℃左右，加入计量好的环保型溶剂继续搅拌 30min 左右出料，见图 4.2-3。

图 4.2-3 水性聚氨酯制备过程

4）分析与测试

（1）NCO 含量：根据《聚氨酯预聚体中异氰酸酯基含量的测定》HG/T 2409—1992 中的方法，测定体系的 NCO 含量。

（2）红外光谱：采用傅里叶红外光谱仪，测定试样的红外吸收光谱。光谱测定条件如下：500~4000cm^{-1}；分辨率为 4cm^{-1}；扫描次数为 32 次。

（3）浆液黏度：按《胶黏剂黏度的测定》GB/T 2794—2022 中的测试方法测定水性聚氨酯封堵剂浆液的黏度。

（4）浆液密度：按《混凝土外加剂匀质性试验方法》GB/T 8077—2023 中的测试方法测定封堵剂浆液的密度。

（5）凝胶时间：按《聚氨酯灌浆材料》JC/T 2041—2020 测定浆液的凝胶时间。

（6）包水性：按《聚氨酯灌浆材料》JC/T 2041—2020 测定浆液的包水性和包水倍率。

（7）发泡率：按《聚氨酯灌浆材料》JC/T 2041—2020 测定浆液的发泡率。

（8）遇水膨胀率：按《聚氨酯灌浆材料》JC/T 2041—2020 测定固结体的遇水膨胀率。

（9）显微镜观察：将试样裁切成 10mm×10mm×2mm 的样片放置于载玻片上，调节物像清晰明亮，采用生物显微镜对样品放大 40 倍进行观察，对图像拍照记录，通过图像观察凝胶后的发泡情况。

（10）固结体收缩率：将固结体裁切成 20.0mm×20.0mm×20.0mm 大小，称量其质量 m_a，将其放入 80℃电热鼓风干燥箱每隔 1h 取出后称量其质量，待其恒重后取出称量其质量为 m_b。计算固结体收缩率的公式如下：

$$R = \frac{m_a - m_b}{m_a} \tag{4.2-1}$$

式中：m_a——固结体的初始质量；

m_b——干燥后的质量。

（11）固结体吸水率：将固结体样品裁切成 20.0mm×20.0mm×20.0mm 的大小，在烘箱中干燥至恒重后记录其质量 m_a，保持温度 20℃浸入到蒸馏水中 8h，每间隔 1h 取出吸干表面水分称量其质量，待其质量不变后称量并记录其质量 m_b。

计算固结体吸水率的公式如下：

$$R_w = \frac{m_b - m_a}{m_a} \tag{4.2-2}$$

式中：m_a——干燥时的质量；

m_b——吸水后的质量。

4.2.3 封堵剂的红外光谱图

为探究水性聚氨酯封堵剂的合成情况，对其进行红外测试。

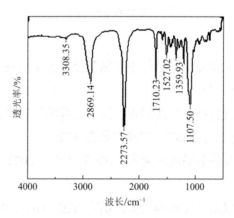

图 4.2-4 封堵剂红外光谱图

由图 4.2-4 可知，波长在 3308cm^{-1} 为 N—H 伸展振动的特征吸收峰；波长在 2869.14cm^{-1} 为 C—H 伸展振动吸收峰；波长在 2273.57cm^{-1} 有一强峰为异氰酸酯的特征吸收峰；波长为 1726.34cm^{-1} 处有一强峰，为氨基甲酸酯中酯基 C═O 的伸缩振动特征吸收峰；波长 1359.93~1527.02cm^{-1} 是—CH$_2$、—CH$_3$ 的非对称变形振动吸收峰；波长 1107.50cm^{-1} 是 C—O 的伸缩振动吸收峰。通过红外光谱分析说明基本合成水性聚氨酯预聚体。

4.2.4 NCO 含量对水性聚氨酯封堵剂性能的影响

在此选用 MDI 与亲水性聚醚多元醇 4060 反应，以环保溶剂作溶剂，溶剂添加量为 20%，对制得的水性聚氨酯封堵剂性能进行研究。

(1) 对黏度和密度的影响

为探究封堵剂的可灌性，对其黏度和密度进行测试。

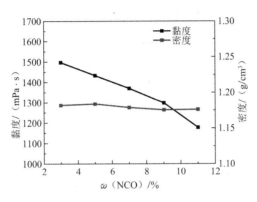

图 4.2-5　不同 NCO 含量封堵剂的黏度和密度

由图 4.2-5 可以看出，浆液的黏度随着 NCO 含量的增加而降低。这是由于 MDI 的黏度比水性聚氨酯预聚体的低，约为 63mPa·s，因此 MDI 在体系中起到了稀释的作用，随着 MDI 用量的不断增加，体系中 NCO 含量也逐渐增加，导致体系黏度逐渐降低，从 1500mPa·s 降至 1170mPa·s。体系密度随 NCO 含量的增大变化不明显，均在 1.13~1.16g/cm^3。

(2) 对发泡率和遇水膨胀率的影响

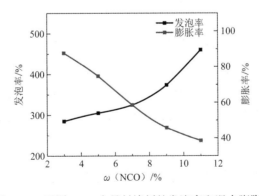

图 4.2-6　不同 NCO 含量封堵剂的发泡率和遇水膨胀率

由图 4.2-6 可以看出，随着 NCO 含量的增加，水性聚氨酯封堵剂的发泡率逐渐增大，遇水膨胀率逐渐下降。

这是由于当 MDI 的用量不断增大时，体系 NCO 含量从 3% 上升到 11%，NCO 含量增大，导致异氰酸酯与水的碰撞概率增大，反应速率加快，与水反应生成 CO_2 的量逐渐增多，使得发泡率逐渐增大。

随着 MDI 用量的增加，使得体系中硬段含量增加，软段含量降低。硬段是非亲水性的，硬段含量增大使封堵剂的非亲水性增大。遇水膨胀率主要是由于体系中亲水的 EO 链段与水发生反应生成氢键而导致体系体积膨大，因此体系非亲水性增加使遇水膨胀性能降低，遇水膨胀率减小。

（3）对凝胶时间和包水量的影响

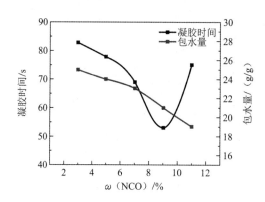

图 4.2-7 不同 NCO 含量封堵剂的凝胶时间和包水量

由图 4.2-7 可以看出，随着 NCO 含量的增加，水性聚氨酯封堵剂的凝胶时间先减小后增大，包水倍率逐渐降低。

这是由于随着 MDI 用量的增多，体系 NCO 含量逐渐增大，堵水剂中的硬段含量增多，软段含量减少，亲水基团减少，因此 EO 跟水反应生成氢键的量也越少，包水量越低。同时，NCO 含量增大，过量的异氰酸酯越多，导致异氰酸酯与水的碰撞概率增大，反应生成脲键和 CO_2 的速率加快，凝胶时间越短。当 NCO 含量过多，即 NCO 含量大于 9% 时，体系中 EO 含量降低，亲水性降低，此时随着 MDI 用量的增加，凝胶时间增大。

综上所述，在 MDI 和 480 为原料制得的封堵剂体系中，随着 NCO 含量的增加，水性聚氨酯封堵剂的黏度随之减小，发泡率增大，遇水膨胀率减小，包水性降低，凝胶时间先减小后增大。当 NCO 含量在 7%～10% 时，封堵剂性能最优。凝胶时间为 53～69s；发泡率为 324.6%～396.95%；遇水膨胀率为 42.581%～58.426%；黏度为 1265～1396mPa·s；并且可以包 21～23 倍的水。

4.2.5 纯 MDI 体系和纯 PTDI 体系封堵剂性能对比

表 4.2-1 为分别选用 MDI 和 PTDI 为原料，与聚醚 4060 反应制备的封堵剂的性能，设计体系 NCO 含量为 7%，溶剂均为环保溶剂，溶剂用量为 20%。

对比 PTDI 体系封堵剂的性能可知，当水浆比为 10:1 时，纯 PTDI 体系的凝胶时间为 34～38s，纯 MDI 体系的凝胶时间为 53～69s。纯 MDI 体系浆料的凝胶时间相对纯 PTDI 体系的高,这是由于 MDI 分子链比 PTDI 分子链规整得多,制得的预聚体也相对规整,故分子间内聚能较大,遇水后亲水性降低,影响了凝胶速率。

纯 MDI 的相对分子质量为 250,PTDI 的相对分子质量为 200,在相同的 NCO 含量下 MDI 的加入量要高于 PTDI 的加入量,故相同 NCO 含量下,MDI 体系中 EO 含量比 PTDI 体系中 EO 含量低,亲水性低,使得 MDI 体系的包水性较 PTDI 体系的低,遇水膨胀率也较低。

纯 MDI 体系和纯 PTDI 体系封堵剂性能 表 4.2-1

体系	黏度/(mPa·s)	凝胶时间/s	包水性/倍	发泡率/%	遇水膨胀率/%
MDI 体系	1396	69	23	324.6	53.42
PTDI 体系	795	34	36	643.59	90.92

4.2.6 PTDI 用量对水性聚氨酯封堵剂性能的影响

由上述内容可知纯 MDI 体系制备的水性聚氨酯封堵剂凝胶时间长、包水量小、遇水膨胀率小、黏度较高,不利于在细小裂缝中使用。但是游离 PTDI 对人体及环境的危害性较大,出于环保性的考虑,课题组采用复配的 PTDI/MDI 二异氰酸酯体系与聚醚 4060 反应制备水性聚氨酯封堵剂。与 PTDI 相比,MDI 的饱和蒸气压较低,反应活性较低。

设定体系中的 $R_2=6$,溶剂含量为 20%,分别取 R_1 为 1.2、1.4、1.6、1.8、2 时,考察 PTDI 体系水性聚氨酯封堵剂的性能。

(1) PTDI 封堵剂的红外光谱图

对封堵剂的红外光谱图进行测试,见图 4.2-8。

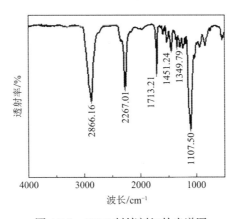

图 4.2-8 PTDI 封堵剂红外光谱图

由图 4.2-8 可知,波长在 2866.16cm^{-1}、1451.24cm^{-1} 为 —CH$_2$、—CH$_3$ 的 C—H 振动吸收峰;波长在 2267.01cm^{-1} 有一强峰为氨酯基(—NCO)的特征吸收峰;波长为 1713.21cm^{-1} 处有一强峰,为氨基甲酸酯中酯基 C═O 的伸缩振动特征吸收峰;波长 1107.50cm^{-1} 为 C—O 的伸缩振动吸收峰。通过红外光谱分析发现基本合成水性聚氨酯预聚体。

（2）对黏度的影响

对封堵剂的黏度进行测试，见图4.2-9。

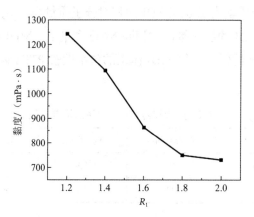

图4.2-9　PTDI用量对浆液黏度的影响

由图4.2-9可以看出，保持$R_2 = 6$，随着PTDI用量的增加，R_1值增加，体系黏度逐渐降低。一方面随着R_1增大，体系中PTDI含量增大、MDI含量降低，由于PTDI黏度为2.44mPa·s，MDI黏度为63mPa·s，使得体系黏度降低。另一方面理论上当$R_1 = 1$时，体系中—OH和—NCO含量相同，聚合得到的预聚物的分子量无穷大，分子链最长；随着R_1的增加，体系中—NCO含量过量，当$R_1 = 2$时，体系中$n(—NCO):n(—OH) = 2:1$，此时1mol的—OH都和2mol的—NCO反应，即1mol的聚醚多元醇和2mol的异氰酸酯反应，此时聚合得到的预聚物分子量最小，分子链最短，一个分子链包含的链段数目就越少，为了实现重心的迁移，需要完成的链段协同作用的次数就越少，分子链缠结情况就降低，浆液流动性就好，使流动阻力变小，黏度降低。所以浆液的黏度随R_1的增加而降低。

（3）对凝胶时间和包水性的影响

对封堵剂的凝胶时间和包水性进行测试，见图4.2-10。

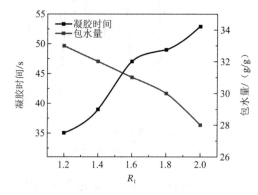

图4.2-10　PTDI用量对浆液凝胶时间和包水性的影响

由图4.2-10可以看出，保持$R_2 = 6$，随着PTDI用量的增加，R_1值增加，浆液凝胶时间增大，包水量降低。

理论上当$R_1 = 2$时，体系中$n(—NCO):n(—OH) = 2:1$，此时1mol的—OH都和2mol的—NCO反应，即1mol的聚醚多元醇和2mol的异氰酸酯反应，此时聚合得到的预聚物分子量最小，分子链最短，一个分子链包含的链段数目就越少，体系亲水性降低，故凝胶速度较慢，凝胶时间增大。

随着R_1增大，体系中PTDI含量增大、MDI含量降低，制得的预聚物分子链长随R_1的增大而减小，预聚物交联密度大，此时体系的亲水性降低，包水倍率降低。

（4）对发泡率和遇水膨胀率的影响

对封堵剂的发泡率和遇水膨胀率进行测试，结果见图4.2-11。

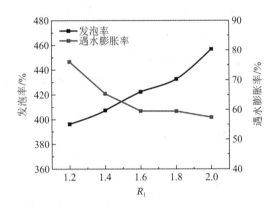

图4.2-11　PTDI用量对浆液发泡率和遇水膨胀率的影响

由图4.2-11可以看出，保持$R_2 = 6$，随着PTDI用量的增加，R_1值增加，浆液发泡率有所增加（从390%增至472%），遇水膨胀率相对降低（从76%降至57%）。

随着R_1的增加，理论上合成预聚体的分子链段变短，分子量降低，预聚物交联密度增大，此时体系的亲水性降低。发泡率跟体系中的亲水性有关，亲水性越高，发泡率越小。遇水膨胀率与材料中交联密度和亲水基团含量有关，当材料的交联密度越小、亲水基团含量越高，固结体的遇水膨胀率越高。故随着R_1的增大，发泡率逐渐增大，遇水膨胀率逐渐降低。

综上所述，随着R_1的增加，水性聚氨酯封堵剂的黏度随之减小、发泡率增大、遇水膨胀率减小、包水性降低、凝胶时间增大。为了保证良好的可灌性和包水性，水性聚氨酯封堵剂的黏度要小于1000mPa·s，包水倍率越大越好，故当$R_1 = 1.6 \sim 1.8$时，封堵剂性能最优。凝胶时间为39~49s；发泡率为422.64%~431.15%；遇水膨胀率为59%左右；黏度为751~864mPa·s；并且可以包30~31倍的水。

4.2.7　MDI用量对固结体性能的影响

由第4.2.6节可知，当$R_1 = 1.6 \sim 1.8$时，封堵剂性能最优，在此取$R_1 = 1.6$，环保溶剂用量为20%，分别考察当$R_2 = 4$、5、6、7、8时浆液的性能，结果见表4.2-2。

封堵剂性能　　　　　　　　　　　表 4.2-2

R_1/R_2	黏度/(mPa·s)	凝胶时间/s	包水性/倍	发泡率/%
1.6/4	1126	58	34	357.44
1.6/5	1043	55	32	386.35
1.6/6	855	49	31	422.17
1.6/7	781	53	29	562.54
1.6/8	724	69	26	628.16

由表 4.2-2 可得，固定体系的 $R_1 = 1.6$，环保溶剂用量为 20%，随着 R_2 的增大，浆液黏度逐渐降低，凝胶时间先减小后增大，包水倍率降低，发泡率增大。

随着 R_2 的增加，水性聚氨酯封堵剂的黏度不断下降。这是由于 MDI 黏度相对于水性聚氨酯预聚物较低，约为 63mPa·s，因此 MDI 在体系中起到了稀释作用，导致体系黏度逐渐降低。

随着 R_2 的增加，水性聚氨酯封堵剂的包水量逐渐降低。这是由于随着 R_2 增大，MDI 用量增多，体系 NCO 含量逐渐增大，堵水剂中的硬段含量增多，软段含量减少，亲水基团减少，因此 EO 跟水反应生成氢键的量也越少，包水量越低。

随着 R_2 的增加，水性聚氨酯封堵剂的凝胶时间先减小后增大。这是由于随着 R_2 增大，NCO 含量增大，过量的异氰酸酯越多，导致异氰酸酯与水的碰撞概率增大，反应生成脲键和 CO_2 的速率加快，凝胶时间越短。当 NCO 含量过多时，体系中 EO 含量降低，亲水性降低，此时随着 MDI 用量的增加，凝胶时间增大。

随着 R_2 的增加，水性聚氨酯封堵剂的发泡率逐渐增大。这是由于当 MDI 的用量不断增大时，体系中过量的 NCO 含量增大，导致异氰酸酯与水的碰撞概率增大，反应速率加快，与水反应生成 CO_2 的量逐渐增多，使得发泡率逐渐增大。

综上所述，当 $R_1 = 1.6$，$R_2 = 6 \sim 7$ 时，封堵剂性能最优。凝胶时间为 49～53s；发泡率为 422.17%～522.54%；黏度为 781～855mPa·s；并且可以包 29～31 倍的水。

4.2.8　异氰酸酯挥发性能

PTDI 和 MDI 的饱和蒸气压见图 4.2-12。

饱和蒸气压指的是在一定温度下，蒸气与固态或液态处于相平衡时的压强。在常温下，饱和蒸气压越大，即相平衡时由液态变为气态的量越多，液体挥发量越多。从图 4.2-12 中可以看出，PTDI 的饱和蒸气压明显大于 MDI 的饱和蒸气压，在 25℃时，PTDI 的饱和蒸气压约为 2.7Pa，MDI 的饱和蒸气压约为 0.001Pa。MDI 分子量比 PTDI 大，在同一温度下，挥发性较小，对人体的毒害相对较小，故增大体系中 MDI 的含量可以提高封堵剂的环保性。水性聚氨酯遇水反应形成的固结体见图 4.2-13。

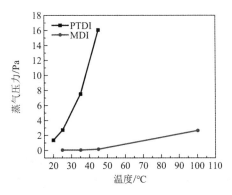

图 4.2-12　PTDI 和 MDI 的饱和蒸气压

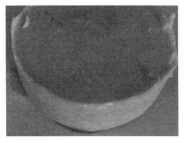

图 4.2-13　水性聚氨酯遇水反应形成的固结体

4.2.9　溶剂用量对封堵剂性能的影响

伴随现代社会人们卫生、环保意识的日益加强，对水性聚氨酯封堵剂的环保性也提出了要求。而丙酮具有易制毒、沸点低、挥发性大、可燃，长时间接触可致头晕、咽炎、疲劳等健康问题，以及与皮肤长时间或反复接触后可致皮炎。用丙酮作为溶剂制得的水性聚氨酯封堵剂，在使用过程中也会出现收缩率较大的现象，可能会使裂缝开裂，容易出现复漏现象。因此，不论是从环保方面，还是从封堵剂的使用方面都急需寻找一种溶剂替代丙酮。课题组选用了环保溶剂，它沸点较高，不易挥发，且在水中溶解性良好。溶剂用量对浆液性能的影响，见图 4.2-14 和图 4.2-15。

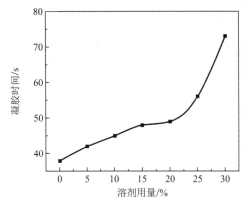
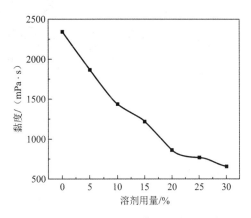

图 4.2-14　溶剂用量对浆液凝胶时间　　　　图 4.2-15　溶剂用量对浆液黏度的影响

由图 4.2-14 和图 4.2-15 可以看出，随着溶剂用量的增大，封堵剂浆液的凝胶时间随之增加，浆液的黏度随之降低。

环保溶剂具有较好的亲水性，然而水性聚氨酯封堵剂的亲水性主要是跟体系中的 EO 基团有关。随着溶剂用量的增加，体系中 EO 基团比例相对降低，并且体系中 NCO 基团的比例也相对降低，使得水与 NCO 碰撞概率减小，与水反应速率减慢，使得体系的凝胶时间相对增加。

溶剂黏度一般相对较低，在封堵剂体系中起到了稀释剂的作用，环保溶剂黏度为 $0.981\text{mPa}\cdot\text{s}$，当溶剂用量较低时，体系黏度相对较大，随着溶剂用量的增加，浆液黏度随之降低，溶剂用量在0%~20%，黏度下降较快；溶剂添加量超过20%后，黏度降低相对较为缓慢。

当溶剂用量在 20%~25%时，封堵剂的性能最优。此时，凝胶时间为 49~56s；黏度为 769~855mPa·s。

4.2.10 用水量对封堵剂发泡程度的影响

测试了不同水浆比浆液的发泡率，见图 4.2-16 和图 4.2-17。

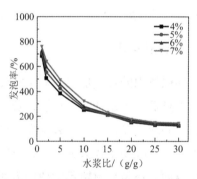

图 4.2-16 不同水浆比固结体的发泡率

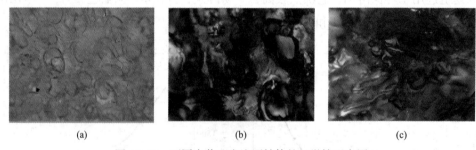

图 4.2-17 不同水浆比发泡固结体的显微镜观察图

由图 4.2-16 和图 4.2-17 可以看出当水与浆液质量比较低时，凝胶时间较短，水与 NCO 碰撞释放出的 CO_2 气体还未排出就迅速固化，所得固结体泡孔较多呈大孔状泡体，此时发泡率最大；水与浆液质量比逐步增加时，凝胶时间增大，体系中的含水量基本能满足凝胶固化需要，形成的固结体中含有均匀密实的孔洞，固结体逐渐凝胶化，发泡率也逐渐降低；

当水与浆液质量比进一步增加时,体系中的含水量相对较多,基本可以将体系中的 NCO 全部进行反应,由于封堵剂的高分子链中有 EO 基团,具有较强的亲水特性,可以大量吸收水分,从而使得固结体从泡沫完全转变为凝胶体,发泡率逐渐趋于稳定。

4.2.11 固结体收缩性能

水性聚氨酯封堵剂的封堵原理主要是体系中的 NCO 跟水反应,迅速固化生成大量的凝胶固结体,由于生成的固结体中含有大量水,因此在使用过程中不可避免地会出现干枯收缩现象。若固结体收缩率较大,则可能会出现复漏现象,检验复漏现象的标准是"遇水膨胀率 > 收缩率"。在此,设计$R_1 = 1.6$,$R_2 = 6$,水浆比为 0.5∶1、2∶1、5∶1、10∶1 进行发泡,制成尺寸为 20.0mm × 20.0mm × 20.0mm 的试样,测试其收缩率和收缩再膨胀的吸水率。对固结体的收缩性能进行测试,见图 4.2-18。

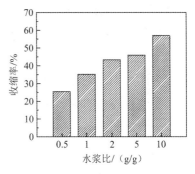

图 4.2-18 固结体收缩率

由图 4.2-18 可知当$R_1 = 1.6$,$R_2 = 6$ 时制得的水性聚氨酯封堵剂收缩率在 25%～57% 之间,且收缩率随着用水量的增大而增大。对比以 PTDI 为原料、以丙酮为溶剂体系固结体的收缩率,发现 PTDI 体系收缩率在 35%～80%之间,收缩率较大。由于丙酮沸点低,挥发性大,使得以丙酮为溶剂制得的水性聚氨酯封堵剂在使用过程中,收缩较大,除了水分流失导致的体积收缩外,丙酮的挥发也会导致体积收缩,在使用过程中容易出现开裂现象。环保溶剂沸点在159℃,在使用过程中几乎不会挥发,用其当溶剂制得的封堵剂收缩率小,不容易出现复漏现象。

4.3 高强度改性环氧树脂注浆材料

环氧树脂注浆材料是以环氧树脂为主体,加入一定比例的固化剂、稀释剂、增韧剂等混合而成。环氧树脂硬化后粘结力强,收缩小,稳定性好,是结构混凝土的主要补强材料。一些强度要求高的重要结构物,多采用环氧树脂注浆。近年来,也能用于漏水裂缝的处理。但环氧树脂用于渗漏水治理时黏度高,可注性差,在有水、动水条件下难以有效固化,与潮湿裂缝粘结力差,限制了其在地下混凝土建筑工程堵强补漏中的应用。因此,环氧树脂注浆材料的关键技术研究,是在保证固化物具有高强度的同时提高浆材的渗透性和浸润能力,以及突破材料在有水、动水条件下难以有效固化的技术瓶颈。

浆液的渗透性和浸润能力不仅取决于黏度还取决于亲和力和表面张力,而在有水、动水条件下固化则需材料具有较高的憎水性。因此,课题组通过分子结构调控和互穿网络等手段,采用有机硅对环氧树脂进行改性处理,同时通过表面活性剂和偶联剂改性优化,提高浆材浸润渗透性和粘结性，克服了传统材料有水动水条件下可灌性差、抗挤出破坏能力低的缺点。

4.3.1 化学组分选择

有机硅材料是分子结构中含有硅元素的高分子合成材料，主链是一条 Si—O—Si 键交替组成的稳定骨架，有机基团与硅原子相连形成侧基。由于在有机硅产品中同时含有"有机基团"和"无机结构"，使得它获得了无机材料和有机聚合物共同的优良特性。采用有机硅改性环氧树脂，可弥补环氧树脂固化后质脆、耐冲击性差的缺点，并使其获得优良的化学稳定性、憎水性、生理惰性，从而扩大环氧树脂的应用领域。有机硅改性环氧树脂，大致分为两大类，一种是有机硅树脂与环氧树脂进行物理共混改性，其中物理改性的最大难点在于改善两者的相容性问题，由于有机硅聚合物与环氧树脂溶解度参数相差很大，所有两者一般情况下是不相容的。因此，如果将两者仅通过简单的共混固化，就会由于两项界面的粘力过大，使得改性后的环氧树脂性能较差，一般情况下常采用增加过渡相的办法来改善两者的相容性，包括：采用有机硅氧烷偶联剂、增容剂、过渡相功能的第三组分。另一种则是化学改性，一般情况下化学改性在于有机硅聚合物当中的支链或者是在主链两端含有柔性的活性基团，能够与环氧树脂当中的活性基团或者环氧基进行接枝，从而形成嵌段、接枝或者互穿网络共聚物，相对来讲化学改性环氧树脂要比物理共混改性环氧树脂的性能更好也更稳定。

该高强度改性环氧树脂注浆材料采用双液注浆的方法，其中 A 液主要成分包含环氧树脂、糠醛—丙酮稀释剂、二甲基二氯硅烷、二月硅酸二丁基锡、促进剂和表面活性剂；B 液包含固化剂、改性助剂。

选用二甲基二氯硅烷对环氧树脂进行改性，合成路线见图 4.3-1。

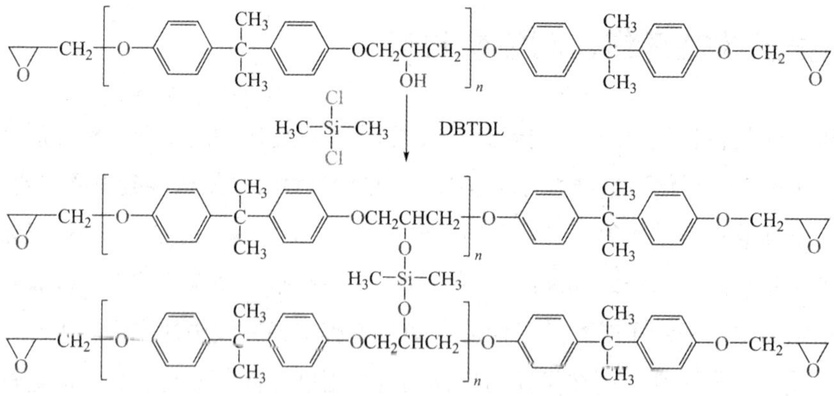

图 4.3-1 有机硅改性环氧树脂合成路线

由于环氧树脂本身黏度很大，直接用于注浆，可注性不好，因此需要加稀释剂来降低环氧树脂的黏度。目前所用的稀释剂主要有 3 大类：第 1 类为非活性稀释剂，如苯、甲苯、二甲苯及丙酮等，它们在固化过程中挥发，会加大体积收缩，且其本身不参与环氧树脂的反应，使用量受到限制，因而黏度降低程度有限，所以一般不采用。第 2 类为含有 1 个或 1 个以上环氧基团的低分子化合物，如环氧丙烷丁烯醚、三羟基丙烷缩水甘油醚等，它们能参与固化反应，由于这些化合物本身黏度较大，故而稀释效果较差，使浆液的可注性受到一定限制。第 3 类为糠醛—丙酮稀释体系，糠醛和丙酮都是黏度很低的有机溶剂，在反应前可以作为环氧树脂的有效稀释剂，同时也能相互反应生成呋喃树脂，且可以和环氧树脂一起生成交联的互穿网络结构，它的主要作用有：降低浆液的黏度，提高了对细微裂缝的可注性；增加了固化物的韧性。另外，采用糠醛—丙酮稀释剂体系的环氧树脂固结体收缩小，具有耐久性、耐老化性能好、污染小等优点。

环氧树脂固化剂种类很多，如脂肪族胺类、芳香族胺类和各种胺改性物、有机酸及其酸酐、树脂类固化剂等，化学注浆主要要求固化剂能在室温、低温、干燥、潮湿和水下等条件下固化。现阶段多采用乙二胺、多乙烯多胺等，它们的主要缺点是刺激性气味太浓，不利于人体健康，且在有水条件下固化反应难以进行。为此，课题组选用了高分子固化剂，并且可以根据不同的要求，使分子链端带上能促进反应的官能团。该固化剂能使环氧树脂在低温和水中固化，能在一定程度上改善环氧树脂的脆性，气味小，毒性低。

要使注浆材料注入到泥化夹层及其混凝土微细裂缝中，在浆液配方设计中要考虑的核心问题是根据不同的治理对象，最大限度地提高浆液的浸透性，即最大限度地降低浆液表面张力，但通常表面活性剂的加入会使树脂的耐水性下降，因此课题组在表面活性剂的分子结构设计上，使其分子链的一端带上能与环氧反应的官能团（—NH_2）。带有氨基的表面活性剂，在反应初期，起到了降低浆液黏度和表面张力的作用；反应后期，它又参与反应，使之与环氧树脂交联在一起，不会引起聚合物耐水性的下降。

环氧树脂注浆材料在常温下固化速率较慢，初凝时间一般为 2~4d，为了加快浆液的固化时间，考虑加入促进剂，并选用了 2,4,6—（三甲氨基甲基）苯酚促进剂，含有羟基，能与环氧基形成氢键，可以加速胺—环氧基之间的反应，大大缩短固化时间。

4.3.2 样品制备方法

A 组分：将一定量的环氧树脂倒入烧杯并置入 60℃油浴锅中，保温 20min，加入糠醛—丙酮稀释剂，以 300r/min 搅拌至环氧树脂充分溶解，用真空泵抽真空至气泡完全消除；将上述材料置于 80℃恒温油浴锅中，保温 20min，搅拌条件下分批次加入称量好的二甲基二氯硅烷、二月硅酸二丁基锡、表面活性剂，在 80℃下反应 5h，冷却至室温，即得到改性环氧注浆材料 A 组分。

B 组分：将一定量的固化剂倒入烧杯并置入 40℃油浴锅中，保温 20min，搅拌条件下分批次加入称量好的改性助剂，升温至 100℃反应 4h，冷却至室温，得到改性环氧灌浆材料 B 组分。

注浆材料：将上述制备好的 A、B 组分按质量比 2∶1 混合均匀，即得渗漏水治理用改性环氧注浆材料固化物。

4.3.3 性能及表征测试

（1）可操作性时间测试：将刚配制好的浆液恒定在25℃（注：测试温度对浆液可操作性时间的影响时，浆液则恒定在对应的温度条件下），记下拌和均匀的时间t_0，用NDJ-1旋转黏度计每隔0.5h测定一次浆液黏度，记录浆液黏度超过300mPa·s的时间t_1，t_1-t_0即为浆液的可操作性时间。

（2）初凝时间测试：将刚配制好的浆液恒定在225℃，并记录浆液刚配制好的时间t_0，用NDJ-1旋转黏度计每隔1h测定一次浆液黏度，记录浆液黏度超过60000mPa·s的时间t_2，t_2-t_0即为浆液的初凝时间。

（3）粘结强度测试：干粘结强度和湿粘结强度测试样品规格尺寸为"8"字形砂浆块，采用P·O42.5水泥和标准砂放置于搅拌锅内搅拌，同时加入适量的水拌和均匀制成砂浆，再将该砂浆制成"8"字形试件，水中养护28d。①干燥环境固结体与老混凝土的粘结强度测试：将养护好的"8"字形试件中间断开并晾干后，再将待测的浆液涂在断面上，然后将每对"8"字粘结在一起，用松紧带固紧。室温放置7d后，置于试验机夹具内，记录破坏荷载。②潮湿环境中改性环氧树脂固结体与老混凝土粘结强度的测试：将养护的"8"字形试件中间断开后于水中继续养护24h，取出快速将待测试的浆液涂在潮湿断面上，然后将每对半"8"字形粘结在一起，用松紧带固紧。室温放置7d后，置于试验机夹具内，记录破坏荷载。每6个试件为一组，提出最大和最小的两个值，以其余四个值平均值作为粘结强度结果。

（4）抗压强度测试：样品规格尺寸为20mm×20mm×20mm，试验速度为5mm/min，仲裁试验速度为2mm/min。将改性环氧灌浆材料A、B组分按质量比2∶1混合均匀，直接浇注到内部尺寸为20mm×20mm×20mm的模具中，在室温条件下养护28d。

（5）抗水冲刷性测试

一种模拟地下工程动水下注浆封堵的室内试验装置，如图4.3-2所示。

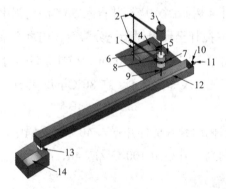

图4.3-2 一种模拟地下工程动水下注浆封堵的室内试验装置

1—固定支架；2—第一平衡杆；3—电机；4—搅拌速度调节器；5—A进液管；6—搅拌棒；7—固定夹；8—反应器；9—第三阀门；10—压力表；11—进水口；12—模拟动水水槽；13—出液口；14—废液收集桶

步骤 A：选择注浆材料浆液，配制 A、B 浆液。可以是水泥水玻璃类注浆材料、聚氨酯类注浆材料、环氧树脂类注浆材料以及丙烯酸盐类等注浆材料中任意一种。

步骤 B：利用水泵控制水流速来调节进水口压力。

步骤 C：每次注入浆液总体积在 200～500mL，A、B 浆液体积比可以调控，同时记录下 A、B 浆液总质量，记为 m_0。

步骤 D：注入 A、B 浆液于反应器中，搅拌时间控制在 1～60s 内，然后在距离进水口 10～20cm 处打开反应器下部的阀门，匀速注入浆液于模拟动水水槽。

步骤 E：未凝胶的 A、B 浆液会随流水流入废液收集桶中，直至流出的水不含有任何 A、B 浆液时，关闭进水。排除模拟动水水槽里的水后，首先测试水槽内不同位置凝胶的厚度，然后称量水槽内残留的凝胶质量，记为 m_s。所以凝胶在水槽中的残留率（Retention rate）为：

$$R\% = \frac{m_s}{m_0} \times 100 \tag{4.3-1}$$

浸润性测试：采用接触角测定仪测试浆液涂抹于花岗岩上的接触角，每个样品取 5 点测量并取平均值，测试前将样品置于 60℃烘箱 4h。

（6）断裂伸长率测试：为了实现对水流的阻隔，浆液进入渗水通道后形成的固结体必须与结构的基面具有良好的粘结能力，此外还要有一定的变形能力，适应结构的变形。材料的断裂伸长率 ΔL 表示为：

$$\Delta L = \frac{L_1 - L_0}{L_0} \times 100\% \tag{4.3-2}$$

式中：ΔL——材料的断裂伸长率（精确到 0.1%）；

L_0——材料初始长度（mm）；

L_1——材料断裂时的长度（mm）。

材料的粘结强度表示为：

$$\sigma_t = \frac{P}{S} \tag{4.3-3}$$

式中：σ_t——粘结强度（Pa）；

P——最大荷载（N）；

S——受拉材料的截面积（m^2）。

（7）微观结构及形貌测试：利用扫描电镜研究凝胶体的微观尺度，通过材料的微观形态学研究凝胶内部是否形成了新型晶体结构，分析其微观结构特点及其异同点。扫描电子显微镜是利用二次电子信号成像来观察样品的表面形态，是介于透射电镜和光学显微镜之间的一种微观形貌观察手段，可直接利用样品表面材料的物质性能进行微观成像。扫描电镜具有较高的放大倍数，在十几倍到几十万倍之间连续可调；景深大，视野大，成像富有立体感，可直接观察各种试样凹凸不平表面的细微结构；通常扫描电镜都配有 X 射线能谱仪装置，显微组织形貌的观察和微观成分分析可以同时进行。采用日本 HITACHI S-3500N 型扫描电子显微镜（SEM）对固结体表面形貌进行观测。将固结体冷冻干燥切片后，放于导电胶上，喷金后在扫描电子显微镜下观察试样微观结构。

4.3.4 有机硅掺量的选择

（1）力学性能

采用万能电子试验机测试有机硅（二甲基二氯硅烷）改性后的环氧树脂浆液形成固结体的断裂伸长率和粘结强度，见图 4.3-3，拉伸速率为 2mm/min。

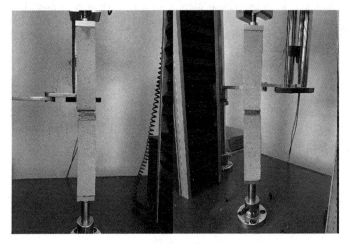

图 4.3-3 密封 24h 后样品拉伸测试

固定其他组分不变，改变有机硅用量制得一系列试样，测试其与混凝土的粘结性能，见图 4.3-4。

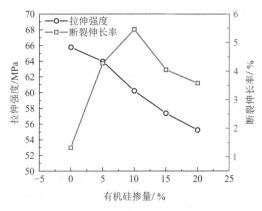

图 4.3-4 有机硅掺量对力学性能的影响

从图 4.3-4 可以看出，当有机硅加入 5%时断裂伸长率已经有了很明显的变化；当掺量增加到 10%以后，断裂伸长率提高了 310%；当掺量增加到 20%时，断裂伸长率又有了一定程度的下降。有机硅的加入使得环氧浆液的拉伸强度有了一定程度的降低，拉伸强度由

65.78MPa 下降到了 55.23MPa，这是由于柔顺性的增加，使得材料变得柔软而坚韧，从而引起了拉伸强度的下降。

（2）收缩率

由于注浆材料需要对裂缝进行填充，固化收缩率的大小直接影响固化后的填充效果和粘结性能。表 4.3-1 为固化收缩率的测定结果。

固化收缩率测定结果　　　　　　　　　　　　　　　表 4.3-1

有机硅含量质量分数/%	收缩率/%
0	2.857
5	3.436
10	3.767
15	3.979
20	4.125

从表 4.3-1 可以看出改性环氧树脂的收缩率相对于纯环氧树脂的有所增大，从 2.857% 上升到 4.125%。这是因为有机硅的加入使得环氧树脂固化反应的交联密度增大，所以固化收缩显得更明显，而加入有机硅的量越多，环氧树脂的收缩率也随之增加。

（3）吸水率

吸水性能是环氧树脂重要的性能指标，吸水率高会导致材料产生内应力，同时使其力学性能、耐热性能和耐腐蚀性能等大大降低，加上水分子会对基体的化学键产生作用，导致其在湿热环境下的加速老化。表 4.3-2 为吸水率的测定结果。

吸水率测定结果　　　　　　　　　　　　　　　表 4.3-2

有机硅含量质量分数/%	吸水率/%
0	0.287
5	0.224
10	0.211
15	0.197
20	0.193

从表 4.3-2 中数据可以看出有机硅的加入使得吸水率有了大幅度的降低，从 0.287% 下降到 0.193%，这是因为有机硅的表面能较低，容易向表面迁移、富集，改变了环氧树脂的表面性能，同时聚硅氧烷结构中的有机基朝外排列，并且不含极性基团，使得其具有一定的憎水性，所以吸水率呈现下降趋势。

（4）250℃热失重结果分析

250℃下 10h 热失重和 10~20h 热失重结果见表 4.3-3。

热失重结果 表 4.3-3

有机硅含量/%	10h 热失重/%	10～20h 热失重/%
0	9.46	2.53
5	8.43	1.89
10	7.89	1.78
15	7.04	1.73
20	6.58	1.69

从表 4.3-3 中可以看出改性后的环氧树脂耐热性能比未改性的环氧树脂有了显著提高，10h 失重从 9.46%下降到了 6.58%。这是由于含硅聚合物在高温降解的时候会形成热稳定性能较好的二氧化硅，生成的二氧化硅由于表面能较低，会迁移到体系的表面形成保护层，阻碍聚合物的进一步分解；并且改性环氧树脂引入了 Si—O—Si 键，它的键能达到了 451.4kJ/mol，远高于 C—C 键能的 355.3kJ/mol，同时甲苯二异氰酸酯具有较大刚性的苯环，也能改善热稳定性，因此改性后的环氧树脂耐热性能得到了提高。

（5）扫描电镜分析

纯环氧树脂为单相连续形态结构，见图 4.3-5，由于基体只有环氧树脂存在，所以不会发生相分离，树脂基体均匀分布，外观上不存在颜色的梯度分布，断面形貌相对平滑均一，裂纹较长且发生在同一方向，没有显现应力分散现象，呈现典型的脆性断裂特征。

图 4.3-5　纯环氧树脂形貌

改性的环氧树脂基体的分布不再平滑均一，断裂表面比较粗糙，裂纹发展极为不规则，并且凹凸不平，呈现韧性断裂的形貌，见图 4.3-6，由此可以证实有机硅的加入有效改善了环氧树脂的脆性。有机硅树脂"团聚"在一起，形成一个一个的"小岛"，分散在环氧树脂基体形成的海洋中。在照片中可以看到一些微孔洞，根据 Kinlock 提出的理论解释，这是由于有机硅粒子受到流体静拉力的作用，与受到负荷时产生的裂纹前端三向应力场的作用力相叠加，使得有机硅颗粒内部或基体与颗粒间的界面破坏，因此产生了孔洞，孔洞产生的塑性体膨胀和颗粒与孔洞所诱发的剪切屈服变形导致裂纹尖端的钝化，从而达到减少应力集中和阻止断裂的目的。

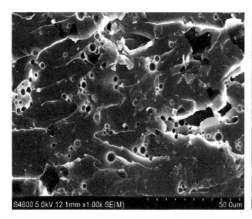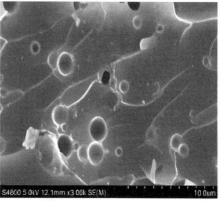

图 4.3-6　有机硅改性环氧树脂形貌

4.3.5　固化剂掺量的选择

将环氧树脂、稀释剂、二甲基二氯硅烷、二月硅酸二丁基锡、促进剂以及表面活性剂掺量比例固定，通过改变固化剂掺量（20%、25%、30%、35%、40%），设计了 5 组试验。每组试验测定了浆液黏度在可操作性时间段和初凝时间段随时间的变化曲线，浆液固结体与老混凝土的粘结强度以及浆液固结体自身的抗压强度。浆液黏度在可操作性时间段和初凝时间段随着时间变化情况分别见图 4.3-7 和图 4.3-8。相应的粘结强度和抗压强度变化见图 4.3-9 和图 4.3-10。

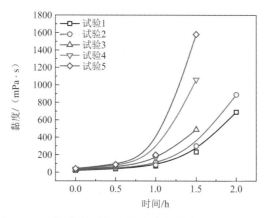

图 4.3-7　可操作性时间段浆液黏度随着时间变化情况图

由图 4.3-7 可知，试验 1、试验 2 和试验 3 中，浆液的初始黏度分别为 20mPa·s、25mPa·s 和 28mPa·s，都低于 30mPa·s，另外两组试验中浆液的初始黏度均高于 30mPa·s，试样 5 中浆液的初始黏度甚至高达 45mPa·s，浆液的初始黏度越高，对浆液的可注性越不利。从初始黏度指标考虑，固化剂掺量最好选择 20%或 25%或 30%。

5 组试验中，浆液黏度的可操作性时间段多在 1.5～2h 内，均能满足注浆工作时间要求。浆液黏度随着时间增加而加大，且增加速率呈上升趋势，表明浆液的早期反应较为缓慢，后期反应加快。

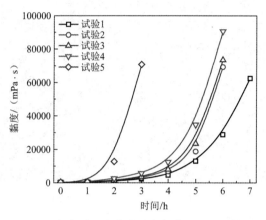

图 4.3-8 初凝时间段浆液黏度随着时间变化情况图

由图 4.3-8 可知，5 组试验中浆液的初凝时间由试验 1 的 6～7h 下降到试验 5 的 2～3h，试验过程中还发现试验 4 和试验 5 局部浆液温度上升过快，造成浆液固化不均匀，从而出现"爆聚"现象。5 组试验中浆液黏度在各自初凝时间段最后 1h 内均急剧增加，由于固化剂与环氧树脂固化反应是放热反应，随着反应的进行，热量增多，浆液温度上升，反应活性增加，使得浆液黏度在初凝时间段最后 1h 内均急速上升。

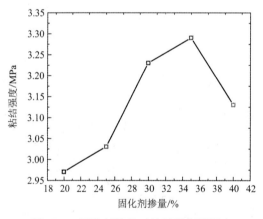

图 4.3-9 固化剂掺量对粘结强度的影响

5 组试验中，随着固化剂掺量的增加，粘结强度呈先增加后下降的趋势。随着固化剂掺量的增加，粘结强度从试验 1 中的 2.97MPa 缓慢上升到试验 4 中的 3.29MPa，但当固化剂掺量增加到试验 5 中的 40%时，粘结强度也从试验 4 中的 3.29MPa 下降到 3.13MPa，说明此时固化剂已经过量，多余的固化剂未被反应从而降低固结体与老混凝土的粘结强度，也意味着浆液配方中固化剂掺量最好不要超过 35%。

第4章 城市地下工程渗漏水治理材料及性能评价

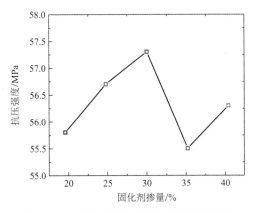

图 4.3-10　固化剂掺量对抗压强度的影响

5 组试验中，随着固化剂掺量的增加，抗压强度在 55.7～57.4MPa 内波动，抗压强度都在 50MPa 以上，大于一般工程中混凝土的级别，表明 5 组试验中抗压强度均能满足实际补强工程需要。

综上所述，单从浆液固结体抗压强度来考虑，5 组试验均能满足要求；考虑到粘结强度越高，对修补裂缝的抗拉越有利，则固化剂掺量最好接近但不超过 35%。另外，5 组试验中浆液黏度的可操作性时间段和初凝时间段均满足实际注浆要求，但从浆液的初始黏度越低，对浆液的可注性越有利角度来考虑，固化剂掺量最好选择 20%、25% 和 30%。因此，最终将固化剂掺量确定为环氧树脂的 30%。

4.3.6　糠醛—丙酮混合稀释剂掺量的选择

将糠醛—丙酮二者体积比固定为 1∶1，同时将环氧树脂、二甲基二氯硅烷、二月硅酸二丁基锡、固化剂、促进剂以及表面活性剂掺量比例固定，通过改变稀释剂的掺量（35mL、37.5mL、40mL、42.5mL、45mL），设计了 5 组试验。每组试验测定了浆液黏度在可操作性时间段和初凝时间段随时间的变化曲线，浆液固结体与老混凝土的粘结强度以及浆液固结体自身的抗压强度。浆液黏度在可操作性时间段和初凝时间段随着时间变化情况分别见图 4.3-11 和图 4.3-12。相应的粘结强度和抗压强度变化见图 4.3-13 和图 4.3-14。

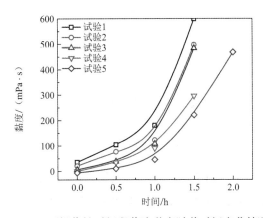

图 4.3-11　可操作性时间段浆液黏度随着时间变化情况图

稀释剂掺量的改变对浆液初始黏度影响较大，随着稀释剂掺量的增加，浆液初始黏度下降较多，从试验 1 中的 56mPa·s 迅速降低至试验 5 中的 16mPa·s。在试验 1 和试验 2 中，浆液的初始黏度均高于 30mPa·s，因此从初始黏度指标考虑，稀释剂掺量最好选择试验 3～试验 5 中的掺量。随着稀释剂掺量的增加，浆液的反应速率有所减缓，但减缓的幅度不大。1.5h 后浆液的黏度从试验 1 的 599mPa·s 逐渐降至试验 5 的 235mPa·s，但试验 1～试验 4 中浆液的可操作性时间段仍在 1.0～1.5h 内，只是试验 5 中浆液的可操作时间段在 1.5～2.0h 内，单从浆液的可操作性时间段来考虑，5 组试验中稀释剂掺量均可采用。

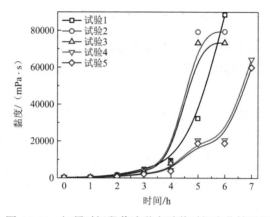

图 4.3-12　初凝时间段浆液黏度随着时间变化情况图

同可操作性时间段情况类似，随着稀释剂掺量的增加，浆液的反应速度响应有所减慢。初凝时间段也从试验 1～试验 3 中的 5～6h 下降到试验 4 和试验 5 中的 6～7h，但如从浆液的初凝时间段来考虑，5 组试验中稀释剂掺量亦均可采用。

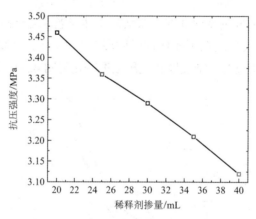

图 4.3-13　稀释剂掺量对粘结强度的影响

5 组试验中，随着稀释剂掺量的增加，粘结强度有所下降，从试验 1 中的 3.46MPa 降至试验 5 中的 3.12MPa。考虑到粘结强度高对裂缝修补有利，在其他指标满足的情况下，应尽量从前 3 组试验中选择。

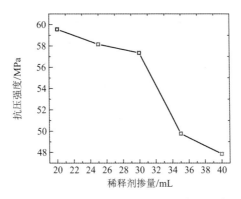

图 4.3-14 稀释剂掺量对抗压强度的影响

5 组试验中,随着稀释剂掺量的增加,抗压强度一直下降。试验 1~试验 3 的降幅较少,试验 3~试验 5 的降幅则较多,分析应是稀释剂加量越多,固化物的交联密度越差,抗压强度也就越低,这也意味着稀释剂掺量不宜过大,应控制在一定范围内。试验 1~试验 3 中抗压强度都在 50MPa 以上,大于一般工程中混凝土的强度等级,均能满足实际修补工程要求,因此从抗压强度角度考虑,也应尽量选择这 3 组试验中的一组。

综上,从浆液的可操作性时间段和初凝时间段来考虑,5 组试验中稀释剂掺量均可采用,考虑到稀释剂掺量的增加使得抗压强度和粘结强度均下降,而试验 1~试验 3 中抗压强度和粘结强度均能满足一般修补工程的要求,因此从这 3 组试验中选择;从初始黏度指标来考虑,试验 1 和试验 2 中,浆液的初始黏度均高于 30mPa·s,因此稀释剂掺量最好选择试验 3~试验 5 中的掺量。因此,最终稀释剂的掺量选择试验 3 中的掺量,即糠醛和丙酮均为 40mL(体积比占环氧树脂的 40%)。

4.3.7 促进剂掺量的选择

考虑促进剂主要是影响浆液的固化时间,课题组将糠醛—丙酮活性稀释剂、环氧树脂、二甲基二氯硅烷、二月硅酸二丁基锡、固化剂以及表面活性剂掺量比例固定,通过改变促进剂的掺量(1g、2g、4g、6g),测试不同掺量促进剂对浆液黏度在可操作性时间段和初凝时间段变化过程的影响,分别见图 4.3-15 和图 4.3-16。

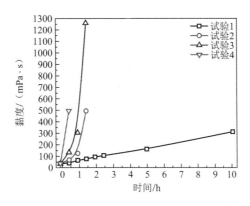

图 4.3-15 可操作性时间段浆液黏度随着时间变化情况图

促进剂掺量的增加对浆液初始黏度几乎没有影响,但对浆液可操作时间段影响明显。随着促进剂掺量的增加,试验1~试验4中的初始黏度在27~28mPa·s之间,变化不大,原因是其掺量较少,不足以影响初始黏度。但随着促进剂掺量的增加,可操作时间段从试验1中的10h迅速降为试验4中的0.5h不到,可见促进剂对浆液反应活性影响较大。考虑到试验1可操作性时间段太长,而试验4则太短,因此促进剂掺量应从试验2和试验3中选择。

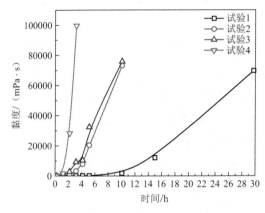

图 4.3-16　初凝时间段浆液黏度随着时间变化情况图

随着促凝剂掺量的增加,浆液的反应速度迅速增加。在试验1中未添加促进剂时,浆液的固化速度非常缓慢,30h时浆液黏度不到70000mPa·s。随着促进剂掺量的增加,浆液的初凝时间段明显缩短,当掺量加到试验4中的掺量时,浆液在3h内甚至产生冒烟现象,说明此时反应过快导致浆液不均匀聚合。试验2~试验4中浆液的初凝时间段在4~6h之间,从浆液的初凝时间段来考虑,这3组试验中促进剂掺量均可采用。

综上,促进剂的添加与否及掺量的多少对浆液的可操作性时间段和初凝时间段影响明显。不添加促进剂时浆液反应太慢,添加过多则易产生"爆聚"。从施工可操作性来说,试验2和试验3中促进剂掺量均可采用。但考虑固化稍慢有利于与浆液的均匀聚合,建议在不影响施工后续工作情况下,采用试验2中促进剂掺量,即环氧树脂的2%(重量比)。

4.3.8　抗水分散性

分别称取20g和10g改性环氧树脂A浆液和B浆液。用水泵控制进水口流水的水压为0.1MPa。记录下A、B液质量总和m_0为30g,然后将A、B液注入反应器。注入A、B液于反应器中,搅拌时间控制在30s,然后在距离进水口15cm处打开反应器下部的第三阀门,匀速注入浆液于模拟动水水槽。未固结的A、B液会随流水流入废液收集桶中,直至流出的水不含有任何A、B液时,关闭进水。排除模拟动水水槽里的水后,首先观察固结体在动水水中的扩散情况,并测试水槽内不同位置固结体的厚度,然后称量水槽内残留的固结体质量m_s为24.45g,进而计算得到留存率为81.5%。

4.3.9 接触角

为了提高环氧树脂注浆材料对岩石的可注性,在材料中加入表面活性剂等来优化配方,通过材料表面性能的研究来验证材料的可注性,进而提高材料浸润渗透性。采用接触角测定仪测试浆液涂抹于花岗岩上的接触角,每个样品取 5 点测量并取平均值,测试前将样品置于 60°C 烘箱 4h。由图 4.3-17 可知,随着时间增加,浆液与花岗岩接触角变小,大概浆液在花岗岩上放置 30min 后接触角降低至 0°,表明浆液完全浸润花岗岩体,具有优异的渗透能力和浸润性。

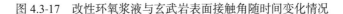

图 4.3-17 改性环氧浆液与玄武岩表面接触角随时间变化情况

4.4 有机-无机复合注浆材料研制

当遇到较为严重的渗漏水情况,如涌水时,若全部采用化学浆液则价格昂贵,因此为了节约造价,常常采用水泥基浆液进行填充。水泥基注浆材料具有价格低廉、浆液无毒、材料来源广、注浆工艺简单、结石体强度高等优点,是地下工程中最常用的非化学注浆浆液,但由于水泥基浆液凝胶时间长、易沉淀析水,且抗分散能力极差,在受到高压富水地层中的流水冲刷时,浆液来不及凝结就被冲刷稀释而流失,并且水泥基浆材后期干缩性大,易开裂,无法达到长久填充和加固地层的目的。目前,国内外大部分提高水泥抗干缩性、耐久性和抗分散性的研究集中采用有机物来改性水泥,因为有机高分子材料具备优异的柔韧性、抗冲击性、抗腐蚀等特点,能有效弥补水泥的不均质脆性和耐腐蚀能力差等缺陷,提高水泥本身的粘结性能和强度,填充孔隙,增强水泥致密度来提高分散性,并且能在水泥内部成膜,包裹于水化产物表面,起到抗腐蚀作用。但采用有机物改性水泥砂浆,使得水泥注浆材料成本急剧增加,制约其广泛应用。因此,研发成本低、性能好的浆液可节约成本、提高施工效率,对解决不同水文地质条件下的堵水加固问题和注浆技术的发展有着积极作用。

丙烯酸盐基注浆材料在水泥浆中可发生聚合反应,经过链引发、链增长、链终止过程,聚合成不溶于水的网状高分子凝胶体。丙烯酸盐在水泥中有物理和化学吸附两种方式。一方面,水溶性的浆液中含有很多的极性基团,能与硅酸盐混凝土中的 Ca^{2+}、Si^{4+} 等形成大量氢键和分子间作用力,使凝胶体与水泥混凝土表面牢固粘结,产生物理吸附作用。注浆材料与混凝土裂缝表面的 Ca^{2+}、Al^{3+} 等离子发生络合反应,形成化学吸附。此外,注浆材料中的 F 组分介于无机和有机界面之间,可形成有机基体-F 组分-无机基体的结合层,消除有机材料和无机材料之间的差异,改善界面之间的相互作用,提高无机填料与高分子聚合物之间的相容性,改善无机填料在高分子聚合物中的分散性及黏合力。

因此,采用丙烯酸盐改性水泥注浆材料能在干湿循环环境中牢固黏附在混凝土表面,高水压下注浆材料不会脱离混凝土裂缝面，解决现阶段丙烯酸盐注浆材料抗压强度差的问题。另一方面，双键发生自由基聚合形成的网络结构凝胶体，能填充于混凝土结构中，提高其致密度，进而大大提高水泥混凝土浆液的抗分散性，使其在动水下施工不被冲稀或冲走，并且聚丙烯酸盐网状结构能吸收大量水分，改善水泥的干缩性。因此，丙烯酸盐改性水泥注浆材料能同时解决注浆材料强度低和水泥注浆材料结实率低、抗干缩性差、耐久性差和抗分散性差的问题，可广泛应用于地下工程防水、堵漏、补强和加固岩层或土层，对节约资源、能源及资金具有重大意义。

此外，在丙烯酸盐改性水泥注浆材料中引入容易获得且价格便宜的粉煤灰，能增大浆液的泵送性，虽然前期会降低浆液强度，但后期强度增长率大，同时能大大降低施工成本。

4.4.1 丙烯酸盐、水泥、粉煤灰复合材料制备

反应瓶中加入适量的水泥、粉煤灰和改性丙烯酸盐注浆材料，搅拌均匀后制得 A 液。B 液由引发剂、催化剂、水泥、粉煤灰和定量的水泥溶于蒸馏水配制而成。室温下，A、B 两组分混合即可发生交联聚合反应生成交联型高聚物、水泥、粉煤灰复合固化物。

4.4.2 浆液的凝胶时间

凝胶时间是指浆液从混合到不可流动时所经历的时间，是浆液扩散范围的控制指标之一，在注浆堵水工程施工中，凝胶时间这一指标尤其重要。通常情况下，水泥浆液的凝结需要数小时到数十小时才能完成，严重影响工期。而注浆材料的凝胶时间可以根据工程需要在几秒到几分钟之间调节。

从表 4.4-1 可以看出，浆液的水灰比是控制复合浆液凝胶时间的重要因素，随着水灰比的增加凝胶时间逐渐减小。这是由于随着水泥含量的减小，溶液中丙烯酸盐发生有效交联聚合反应的空间变大，进而缩短了凝胶时间。复合浆液凝胶时间在 15s～2min 内波动，凝胶时间较短，可适用于双液注浆，能够满足注浆快凝的要求。

水灰比对复合浆液凝胶时间的影响　　　　表 4.4-1

	化学组分/wt%		凝胶时间
水灰比	丙烯酸单体溶液	水泥	
0.6	5	62.5	1min50s
0.8	5	55.6	1min12s
1.0	5	50	65s
1.5	5	40	40s
2.0	5	33.3	25s
2.5	5	28.6	19s

为了进一步扩大工程应用场景，通常用铁氰化钾用量来控制凝胶时间，当固定浆液水

灰比为 1.0 时，如表 4.4-2 所示，凝胶时间随着铁氰化钾用量的增加而延长。因此，复合浆液的固结时间可以在几十秒到几十分钟内调控。

铁氰化钾用量对复合浆液凝胶时间的影响　　　　　表 4.4-2

铁氰化钾/wt%	水灰比	凝胶时间
0	1.0	65s
0.02	1.0	5min12s
0.04	1.0	10min
0.06	1.0	15min55s
0.12	1.0	21min12s
0.24	1.0	35min06s

4.4.3 结石体抗压强度

复合浆液结石体无侧限抗压强度测试，见图 4.4-1，试件制备与养护根据《聚合物改性水泥砂浆试验规程》DL/T 5126—2001 试验操作方法，制作径高比 1∶1 的圆柱形试件。试模的直径 × 高 = 100mm × 100mm。将制备的样品浸入水中并采用标准养护方法养护 3d、7d、14d 和 28d。为保证试验结果的可靠性和准确性，每组试件不少于 6 个。用游标卡尺测量试件的高度 h，精确至 0.1mm，启动机器，记录数据。

图 4.4-1　无侧限抗压强度试验

由表 4.4-3 可知，单一的丙烯酸盐浆液，溶胀后的凝胶体抗压强度随着养护时间的延长而无明显变化，这是由于溶胀平衡后的凝胶体中间隙水增加，导致凝胶体的强度较低。而丙烯酸盐、水泥、粉煤灰复合材料溶胀平衡后的凝胶体无侧限抗压强度显著高于单一丙烯酸盐浆液形成的凝胶体，并且随着水灰比的增加逐渐减小，但随着养护时间的增加，凝胶体的无侧限抗压强度随之增强。这是由水泥的凝结和硬化引起的。水泥的凝结和硬化是一个复杂的物理-化学过程，水泥熟料矿物遇水后会发生水解或水化反应而变成水化物，由这些水化物按照一定的方式靠多种引力相互搭接和联结形成水泥石的晶体结构，生成的晶体物质相互交错，聚结在一起从而使整个物料凝结并硬化。纤维状晶体不断长大，依靠多种引力使彼此粘结在一起形成紧密结构，这种结构比凝聚结构的强度大得多。随着养护龄期的增加，水化继续进行，从溶液中析出新的晶体和水化硅酸钙凝胶不断充满在结构的空间中，水泥浆体的强度也不断得到增长，见图4.4-2。

复合浆液的无侧限抗压强度　　　　　　　　　　　　　　　表 4.4-3

水灰比/wt%	无侧限抗压强度/MPa				
	30min	3d	7d	14d	28d
0	0.40	0.48	0.47	0.46	0.46
0.6	1.96	7.12	15.58	21.50	30.56
0.8	1.62	6.46	9.45	16.85	24.62
1.0	1.23	3.15	7.35	12.09	18.93
1.5	0.98	2.86	5.56	8.32	11.81
2.0	0.64	2.32	4.66	6.12	8.2
2.5	0.47	2.12	2.59	3.22	4.06

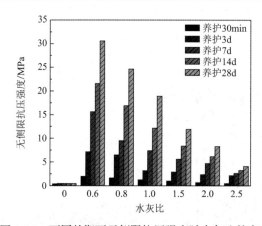

图 4.4-2　不同龄期下无侧限抗压强度随水灰比的变化

在崔玖江等编写的《隧道与地下工程注浆技术》一书中，介绍了由 P·O42.5 水泥配制的纯水泥浆液的基本性能，见表4.4-4。

纯水泥浆液的基本性质　　　　　　　　　　　　　　　　表 4.4-4

水灰比	密度/(g/cm³)	结实率/%	凝结时间		抗压强度/MPa			
			初凝	终凝	3d	7d	14d	28d
0.5:1	139	99	7h41min	12h26min	4.14	6.46	15.3	22.0
0.75:1	33	97	10h47min	20h33min	2.43	2.60	5.54	11.3
1:1	18	85	14h56min	24h27min	2.0	2.4	2.42	8.9
1.5:1	17	67	16h52min	34h47min	2.04	2.33	1.78	2.2
2:1	16	56	17h7min	48h15min	1.66	2.56	2.1	2.8

固定水灰比为 0.6，用部分粉煤灰代替水泥，粉煤灰与水泥的质量比分别为：85∶15、70∶30、55∶45、45∶55、30∶70、15∶85。无侧限抗压强度试验结果见表 4.4-5。

复合浆液的无侧限抗压强度　　　　表 4.4-5

水灰∶粉煤灰	无侧限抗压强度/MPa				
	30min	3d	7d	14d	28d
85∶15	1.87	6.95	15.21	20.96	30.13
70∶30	1.56	5.57	14.98	20.33	30.06
55∶45	1.19	4.93	14.22	20.10	30.25
45∶55	1.07	3.26	9.89	15.23	20.03
30∶70	0.86	2.55	7.68	12.64	18.51
15∶85	0.65	1.98	4.67	10.02	16.36

从表 4.4-5 可以看出，随粉煤灰掺量增加，结石体抗压强度总体为减小趋势，在 3d 和 7d 为负相关，在中后期 14d 和 28d 粉煤灰掺量为 55∶45 时，强度有一个明显的提高，说明加入适量的粉煤灰掺量时，粉煤灰的活性反应充分，在中后期起到了显著作用。这是因为结石体早期粉煤灰的活性不能得到充分发挥。此外，粉煤灰的加入降低了浆液制作成本。

4.4.4　抗分散性

采用全面试验法对复合浆液抗分散性进行分析研究，试验中设置不同水灰比和动水流速 v，总共进行了 18 组试验，分别测定了注入动水水槽之前浆液质量（m_0）和动水下浆液凝胶体沉积质量（m_s），计算得到浆液的残留率（R），见表 4.4-6 和表 4.4-7。

纯水泥浆液抗分散性试验结果　　　　表 4.4-6

试验序号	动水流速/(m/s)	水灰比	残留率 R/%
1	0.2	0.6	86.3
2	0.2	1.0	67.5
3	0.2	2.0	33.2
4	0.4	0.6	31.6
5	0.4	1.0	18.6
6	0.4	2.0	5.4
7	0.6	0.6	12.4
8	0.6	1.0	5.9
9	0.6	2.0	3.6

复合浆液抗分散性试验结果　　　　表 4.4-7

试验序号	动水流速/(m/s)	水灰比	残留率 R/%
1	0.2	85∶15	99.3
2	0.2	55∶45	99.8

续表

试验序号	动水流速/(m/s)	水灰比	残留率R/%
3	0.2	30∶70	98.9
4	0.4	85∶15	98.1
5	0.4	55∶45	98.7
6	0.4	30∶70	97.9
7	0.6	85∶15	86.2
8	0.6	55∶45	87.6
9	0.6	30∶70	81.1

从表4.4-6可知，随着动水流速增大，纯水泥浆液残留率减小，当动水流速为0.2m/s时，残留率随水灰比的增加显著降低，从86.3%降至33.2%；当流速为0.4m/s时，浆液残留率随水灰比的增加进一步减低，从31.6%降至5.4%；当动水流速增大至0.6m/s时，浆液残留率从12.4%降至3.6%。这是由于浆液黏度变化具有明显的时变特性。在富水环境下浆液低黏度期较长，受到动水冲刷作用时被冲刷、稀释，造成浆液残留率在高流速条件下极低，难以起到堵水加固的效果。

动水流速对复合浆液残留率影响的试验曲线，见图4.4-3。由图可以看出，当动水流速为0.2m/s时，浆液残留率较高，不同水泥与粉煤灰配比的浆液残留率均大于95%。随着动水流速的增大，浆液残留率减小，流速为0.4m/s时，不同水泥与粉煤灰配比浆液残留率仍大于95%。当动水流速增大至0.6m/s时，不同水泥与粉煤灰配比的浆液的残留率仍在80%以上。

与纯水泥浆液相比，复合浆液均具有较高的残留率，并且当动水流速达到0.6m/s时，复合浆液凝胶体残留率均大于80%，而纯水泥浆液残留率降至15%以下，最低仅为3.6%。说明改性丙烯酸盐浆液的引入使水泥和粉煤灰复合浆液在高动水流速情况下具有更为优异的抗分散性。

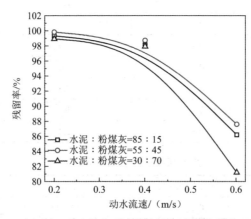

图4.4-3 动水流速对浆液残留率影响曲线

不同动水流速下，水泥与粉煤灰配比对浆液抗分散性影响曲线，见图 4.4-4，随着浆液配比的减小，复合浆液残留率呈先增加后减小的趋势。

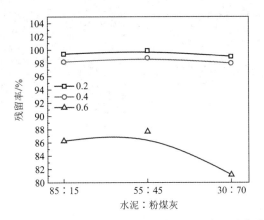

图 4.4-4　水泥与粉煤灰配比对浆液残留率影响曲线

4.4.5　强度形成机理

结合 SEM 图，丙烯酸盐、水泥、粉煤灰复合材料的强度形成机理可以分为 3 个方面：

（1）水泥水化作用

常温下，水泥中主要矿物硅酸三钙迅速发生水化，生成水化硅酸钙和氢氧化钙，硅酸二钙与水的反应慢于硅酸三钙的水化作用，形成饱和的氢氧化钙，反应式如下：

$$3CaO \cdot SiO_2 + nH_2O \longrightarrow xCaO \cdot SiO_2 \cdot yH_2O + (3-x)Ca(OH)_2$$

$$2CaO \cdot SiO_2 + mH_2O \longrightarrow xCaO \cdot SiO_2 \cdot yH_2O + (2-x)Ca(OH)_2$$

反应后生成的水化硅酸钙不溶于水，微粒大小与胶体相当，析出后凝聚成凝胶体。同时，饱和的氢氧化钙溶液析出 CH 六方晶体。经过凝结硬化形成三向结晶网状结构，贯穿于整个浆体。

（2）粉煤灰活性反应

具有活性的 SiO_2、Al_2O_3 与水泥水化产物氢氧化钙二次反应，生成水化硅酸钙和水化铝酸钙，反应式如下：

$$mCa(OH)_2 + SiO_2 + nH_2O \longrightarrow mCaO \cdot SiO_2 \cdot nH_2O$$

$$mCa(OH)_2 + Al_2O_3 + nH_2O \longrightarrow mCaO \cdot Al_2O_3 \cdot nH_2O$$

粉煤灰一方面消耗氢氧化钙，另一方面又促进了硅酸三钙水化生成氢氧化钙，从而加速水泥水化，影响浆液的反应进程，同时水泥也增进了粉煤灰的活性反应。

（3）丙烯酸盐胶结作用

聚丙烯酸盐、聚氨酯、聚硅氧烷胶结成网络状整体，使水泥和粉煤灰颗粒的胶结强度提高，凝胶体较强的粘结力使得水化物或交联聚合物与水泥和粉煤灰颗粒结合更加紧密，见图 4.4-5。

 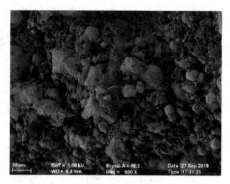

图 4.4-5　改性丙烯酸盐、水泥、粉煤灰复合结石体的 SEM 图

4.5　改性聚脲喷涂材料

隧道与地下工程防水渗漏水治理通常在潮湿、低温环境中施工，聚脲处于长期浸水工况，传统的聚脲材料及工艺难以满足水工建筑物及隧道与地下工程防水防渗领域的要求，主要存在以下几个方面的问题：

（1）宽冗余问题。聚脲主要用于建筑物防水防渗材料，集中于屋顶和地基部位，特别是建筑物基础，往往处于水位线以下，聚脲喷涂部位长期处于潮湿状态，现有聚脲底涂不能很好地粘结潮湿界面，影响聚脲防水体系的稳定。

（2）多界面问题。在建筑结构中存在混凝土、金属、高分子和陶瓷等界面，混凝土中也有砂石、水泥和金属等多种材料，现有聚脲底涂不适合这种多界面的粘结，往往造成界面脱离问题。

（3）耐久性问题。传统聚脲材料由于芳香族胺的存在，对紫外线较灵敏，面涂易老化，长时间处于复杂环境下，干湿、冷热循环后涂层易发生结冰、膨胀、脱层和断裂，从而失去防水防渗的作用。

（4）传统聚脲吸水率达到 4% 以上，吸水后容易引起体积膨胀、强度降低、界面脱离。在寒带地区，冬季结冰，吸水后的聚脲保护层将发生结冰、膨胀、脱层和断裂等建筑病害。

针对以上问题，通过发展聚合物仿生原理，采用分子结构设计、无机有机复合技术研制的新型聚脲材料，具有突出的憎水性，长期吸水率（100℃，10h）$\leqslant 0.1\%$，使用过程中没有水浸入、膨胀、变形和冻融等问题，解决传统聚脲亲水的问题，延长使用寿命。采用的宽冗余多界面底涂胶粘剂制备技术，实现多界面粘结，且不需要对粘结界面进行特殊干燥处理，潮湿水泥粘结界面拉拔强度 $\geqslant 2\text{MPa}$。

4.5.1　改性聚脲材料组成设计

（1）宽冗余多界面胶粘剂

按照藤壶仿生粘结机理，采用多苯基多次甲基多异氰酸酯（PAPI）、聚醚多元醇预聚物与多巴胺聚合，制备聚合物多巴胺，得到超水浸润界面粘结树脂。与环保溶剂、搭桥剂、固化剂、消泡剂、浸润剂和锚固填料配合，得到宽冗余施工特性多界面底漆胶粘剂。采用喷涂或涂刷工艺将界面胶粘剂均匀分布在施工表面，实现了多界面粘结，且不需要对粘结界面进行特殊干燥处理，可广泛应用于混凝土、金属、陶瓷、玻璃和复合材料等界面。

超浸润底漆胶粘剂包含双组分，其固化后主要成分的结构式见图4.5-1。

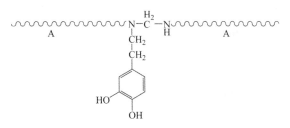

图 4.5-1 超浸润底漆胶粘剂主要成分结构式

该界面胶粘剂解决了以下问题：①宽冗余问题。聚脲主要用于建筑物防水防渗材料，集中于屋顶和地基部位，特别是建筑物基础，往往处于水位线以下，聚脲喷涂部位长期处于潮湿状态，现有聚脲底漆胶粘剂不能很好地粘结潮湿界面，影响聚脲防水体系的稳定。②多界面问题。在建筑结构中存在混凝土、金属、高分子和陶瓷等界面，混凝土中也有砂石、水泥和金属等多种材料，现有聚脲底漆胶粘剂不适合这种多界面的粘结，往往造成界面脱离问题。

（2）憎水性喷涂式双组分聚脲

憎水性聚脲材料由双组分组成。聚脲A组分制备：首先采用钛酸异丁酯催化大豆油、蓖麻油酯交换反应，制备油性植物油基双官能度二醇改性蓖麻油，平均官能度2，羟值56～112mgKOH/g，具有良好的憎水性能，改性蓖麻油异氰酸酯预聚物结构见图4.5-2。

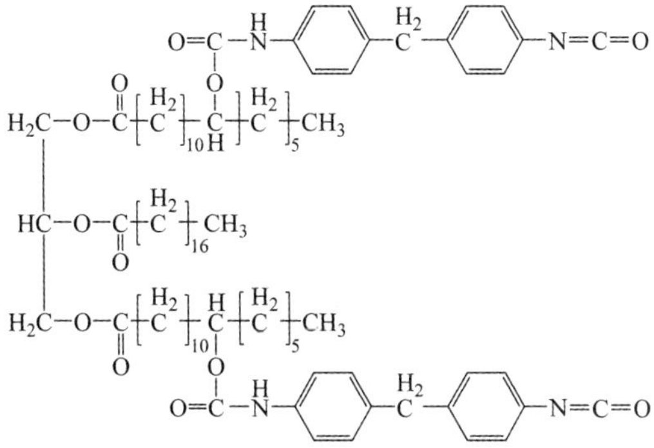

图 4.5-2 改性蓖麻油异氰酸酯预聚物结构图

采用改性蓖麻油与二苯基甲烷二异氰酸酯聚合制备聚脲A组分，NCO%为16%～22%，黏度≤3000mPa·s，固含量≥98%，密度≤1.15g/cm³。

聚脲B组分制备：采用三官能团端氨基聚醚、两官能团端氨基聚醚、硬度扩链剂、强度扩链剂、韧性扩链剂、消泡剂、界面润湿剂、防老化剂和色浆等，经过除水、净化、混合和检验制得高韧性、快速固化聚脲 B 组分。

双组分聚脲材料的制备：采用专用聚脲喷涂机（XP-10，美国固瑞克公司）将聚脲 A、B 组分按照体积比 1∶1 计量混合喷涂至底漆胶粘剂表面，形成聚脲保护层。

与传统聚脲材料相比，该聚脲具有突出的憎水性，长期吸水率（100℃×10h）≤0.1%。在建筑物基础中，聚脲处于长期浸水工况。该聚脲吸水率低（≤0.1%），使用过程中没有水浸入、膨胀、变形和冻融等问题，解决了传统聚脲亲水的问题，延长了使用寿命，具有良好的社会效益与推广价值。

4.5.2　改性聚脲材料的合成

高耐久性新型聚脲材料的合成工艺对最终材料的使用性能也有重要的影响，必须严格按照各工艺步骤进行。

1）界面胶粘剂

本项目采用的底漆胶粘剂为双组分，A 组分为多苯基多次甲基多异氰酸酯（PAPI）、聚醚多元醇预聚物与多巴胺聚合物，A 组分中多巴胺的含量为 15%；B 组分为搭桥剂、固化剂、浸润剂、双亲溶剂和色料的混合物，上述各组分的质量比为 50∶1∶1.5∶5。将 A 组分与 B 组分按照质量比 1∶1 混合。

（1）多巴胺界面粘结机理

多巴胺的多界面粘结机理如图 4.5-3 所示。其酚羟基是一种具有很强极性的基团，可以与聚氨酯中的氧原子、氮原子形成氢键［图 4.5-3（a）］，酚羟基形成活泼的氧自由基，也能够与基材形成自由基［图 4.5-3（b）］；邻苯二酚基团能够与金属离子形成强大的络合键［图 4.5-3（c）］，邻苯二酚基团很容易被氧化生成邻位二醌，由于这种结构非常不稳定，与活泼氢反应生成化学键［图 4.5-3（d）］。

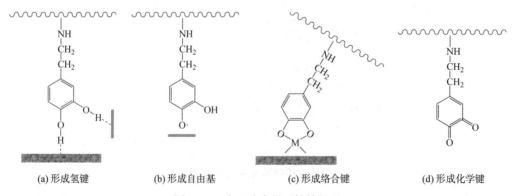

(a) 形成氢键　　(b) 形成自由基　　(c) 形成络合键　　(d) 形成化学键

图 4.5-3　多巴胺多界面粘结机理

在相同的制样和测试条件下，测试含有多巴胺和未含有多巴胺界面剂的粘结性能，结果见图 4.5-4。由图可以看出，含有多巴胺的界面拉拔破坏形式为混合土试块内部破坏，拉拔强度为 3.54MPa，而未含有多巴胺的界面拉拔破坏形式为底漆胶粘剂与混凝土脱开，且拉拔强度较低，为 2.35MPa。

(a) 拉拔强度：3.54MPa　　　　　　　　(b) 拉拔强度：2.35MPa

图 4.5-4　含有多巴胺界面胶粘剂

（2）固化剂含量对界面粘结性能的影响

固化剂作为可以引发聚合反应的组分，其用量不仅影响树脂的交联程度，还直接影响了界面剂的粘结性能。固定 A 组分 100 份，改变固化剂用量，对界面剂粘结强度进行了测试，结果见图 4.5-5。

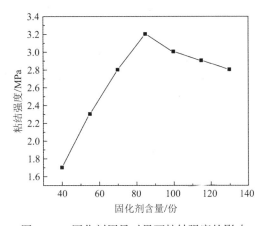

图 4.5-5　固化剂用量对界面粘结强度的影响

从图 4.5-5 中可知，随着固化剂用量增加，界面剂与混凝土粘结强度先增大后减小。这主要是因为随着固化剂用量增多，聚合反应逐渐反应完全，但当固化剂量比例超出太大时可能预聚体将会一直处于粘黏或者固化不均匀的状态，导致反应不完全，因此固化剂最佳为 70~90 份。

（3）增稠剂用量对界面剂性能的影响

混凝土结构表面往往存在许多气孔，直接使用聚脲材料底漆会使其表面存在许多孔隙，导致后期聚脲材料粘结不牢固、龟裂老化等问题。增稠剂在界面剂中主要起到封孔的作用，可以取代传统工艺底漆前涂刷一层腻子的工艺，节省人力物力。而增稠剂的用量直接影响了封孔效果，初步将增稠剂用量定在 0~2 份之间，课题组进行了增稠剂含量对混凝土封孔率的测试，结果见图 4.5-6。

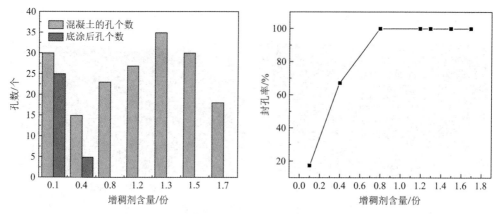

图 4.5-6　增稠剂用量对底漆胶粘剂粘结强度的影响

由图 4.5-6 可知，随着增稠剂用量增加，混凝土的孔个数逐渐减小，当用量达到 0.8 份的时候，封孔率达到了 100%，因此将增稠剂用量定为 0.8 份。

（4）双亲溶剂用量对界面剂性能的影响

双亲溶剂主要起到界面（混凝土与底漆胶粘剂层）浸润的作用，双亲溶剂可以与水、醇、醚、烃类混溶，因此使用该种溶液，可以使界面剂渗透到混凝土内部，极大地增加了混凝土与底漆胶粘剂层的粘结力。

由图 4.5-7 可知，随着双亲溶剂用量的增加，界面粘结强度逐渐增加，当溶剂用量达到 150 份左右时，其界面粘结强度开始变小，这主要是因为溶剂用量增加，会稀释底漆胶粘剂，使各组分不能完全发挥其效果。因此，双亲溶剂最佳用量为 140~160 份。

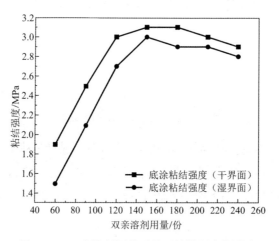

图 4.5-7　双亲溶剂用量对界面粘结强度的影响

（5）搭桥剂用量对界面剂性能的影响

搭桥剂主要起到界面（聚脲层与底漆胶粘剂层）粘结的作用，由图 4.5-8 可知，随着搭桥剂用量增加，聚脲层与底漆胶粘剂层粘结强度先增大后减小，这主要是因为搭桥剂起到环氧与聚氨酯（聚脲）接枝作用，搭桥剂用量过大会使环氧过度交联，导致环氧与聚氨酯（聚脲）交联点变少，进一步两者的粘结强度也会受影响，因此搭桥剂的最佳用量为 3.0~

3.5份。

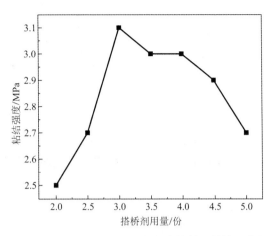

图 4.5-8　搭桥剂用量对聚脲、底漆胶粘剂层粘结强度的影响

2）A 组分合成

A 组分为聚醚多元醇与多异氰酸酯的预聚物，其合成工艺与聚氨酯预聚物的合成工艺相同。本质上，双组分聚脲材料 A 组分就是一个聚氨酯的预聚物，A 组分合成工艺见图 4.5-9，A 组分中仅含有氨基甲酸酯，不含脲键。A 组分合成设备及要求见表 4.5-1。

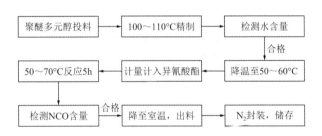

图 4.5-9　A 组分合成工艺路线

A 组分合成设备及要求　　　　　表 4.5-1

设备名称	标准生产设备
反应釜	容积：3t（带搅拌、加热、冷却、机械密封） 加热功率：>100kW 冷却盘管：>2m² 绝对真空度：>−0.098MPa 控温范围：室温～170°C 控温精度：±2°C 搅拌最大转速 120r/min 搅拌电机：15kW，变频调节
真空泵	抽气量：>3m³/min 绝对真空度：>−0.098MPa
烘房	容积：>10m³ 温度：室温～90°C 加热功率：100kW 加热形式：电阻鼓风加热

续表

设备名称	标准生产设备
冷库	容积：100m³ 温度：−16℃～室温 制冷功率：150kW

3）B 组分合成

B 组分的制备过程为物理混合过程，不涉及化学反应，所用设备主要为带加热和抽真空装置的反应釜。在 B 组分制备过程中，精制过程是必不可少的一个环节，不能省略或降低要求。B 组分合成工艺如图 4.5-10 所示，制备所需设备及要求见表 4.5-2。

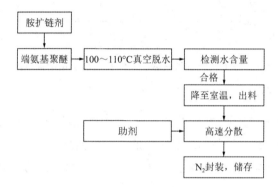

图 4.5-10　B 组分合成工艺路线

B 组分合成设备及要求　　　　　　　　　　表 4.5-2

设备名称	标准生产设备
反应釜	容积：3t（带搅拌、加热、冷却、机械密封） 加热功率：>100kW 冷却盘管：>2m² 绝对真空度：>−0.098MPa 控温范围：室温～170℃ 控温精度：±2℃ 搅拌最大转速 120r/min 搅拌电机：15kW，变频调节
真空泵	抽气量：>3m³/min 绝对真空度：>−0.098MPa
高速分散机	容积：2t 转速：2000r/min 搅拌功率：10kW，变频可调

国内很多厂家在制备 B 组分的过程中往往加入分子筛除水剂，省略精制工艺环节，以达到控制成本的目的。实际上，分子筛除水剂只是物理吸水，在聚脲喷涂过程中一定时间内不能发生 A 组分反应，但是水分应存在体系中，在反应的后期水分会扩散到体系内，参与反应，改变反应历程，影响材料的使用性能和使用寿命。

助剂的高速分散也是非常关键的一个工艺过程，对分散设备要求较高，必须采用搅拌功率高、变频可调的高速分散设备。助剂分散效果不好，体系不均匀，喷涂时黏度、组分不稳定，导致喷涂工艺参数波动大，材料计量不准确，影响施工质量。N_2封装对B组分储存稳定性很关键，虽然B组分不与空气中的水汽反应，但是B组分容易吸水，通过N_2封装可以起到隔绝水汽的作用，保持B组分组成的稳定，是不可省略的工序。

4.5.3 蓖麻油多元醇含量对聚脲性能的影响

将蓖麻油与大豆油进行酯交换反应，通过调控反应物的配比和反应条件，可以得到一系列羟值的改性蓖麻油多元醇。在本项目中，所采用的改性蓖麻油多元醇为自制，羟值为120mgKOH/g，官能度为2。改性蓖麻油多元醇的添加可以有效提高聚脲材料防水材料的耐水（憎水）性能，降低其吸水率，延长聚脲材料防水材料的使用寿命。本节研究了改性蓖麻油多元醇添加量对聚脲材料的吸水率、憎水性能（水接触角）和耐水性能的影响。

图 4.5-11 为吸水率随改性蓖麻油多元醇用量的变化情况。由图可以看出，随着改性蓖麻油含量的增加，聚脲材料的吸水率逐渐减小，当改性蓖麻油多元醇含量增至20%时，聚脲材料浸水 7d 后的吸水率减小了80%，由 6%减小至 1.2%；当改性蓖麻油多元醇含量增至30%时，高耐久性新型聚脲材料浸水 7d 后的吸水率下降到 0.8%；当改性蓖麻油多元醇含量继续增加时，聚脲材料减小程度变缓，当改性蓖麻油多元醇含量为50%时，聚脲材料浸水 7d 后的吸水率降至 0.1%。图 4.5-12 为聚脲材料接触角随改性蓖麻油多元醇含量的变化情况，图 4.5-13 为改性蓖麻油多元醇含量为 0%、10%和30%时的水接触角图片。

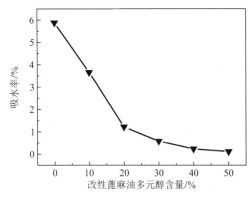
图 4.5-11 吸水率随改性蓖麻油多元醇含量的变化

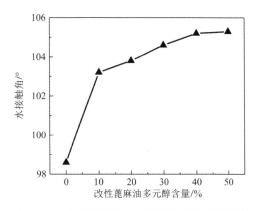
图 4.5-12 水接触角随改性蓖麻油多元醇含量的变化

图 4.5-13 改性蓖麻油添加量为 0%、10%和30%的水接触角图片

从图 4.5-12 可以看出，随着改性蓖麻油多元醇含量的增加，聚脲材料水接触角逐渐增

大，当改性蓖麻油多元醇含量为 10%时，聚脲材料接触角由 98.6°增大到 103.2°；当改性蓖麻油多元醇含量为 30%时，聚脲材料水接触角为 104.6°，表明改性蓖麻油多元醇的添加能够大幅提升聚脲材料的憎水性能，进而降低水对材料本体性能的侵蚀。

添加改性蓖麻油多元醇后，聚脲材料的吸水率降低、憎水性增大。为了进一步验证其耐水性能的变化，将添加不同比例改性蓖麻油多元醇的聚脲材料在 85～90℃水中浸泡 30d，其拉伸强度保持率随改性蓖麻油多元醇含量的变化情况见图 4.5-14。由图可以看出，随着改性蓖麻油多元醇含量的增加，聚脲材料的拉伸强度保持率逐渐增加，当改性蓖麻油多元醇含量达到 30%时，聚脲材料浸泡 30d 后的拉伸强度保持率可以达到 94%；当改性蓖麻油多元醇含量达到 50%时，聚脲材料浸泡 30d 后的拉伸强度保持率可以达到 99%。改性蓖麻油多元醇能够降低聚脲材料的吸水率，减小水分子对易水解基团和原有氢键体系的影响，从而赋予聚脲材料高的拉伸强度保持率。

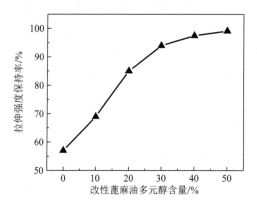

图 4.5-14　拉伸强度保持率随改性蓖麻油多元醇含量的变化

4.5.4　扩链剂摩尔比对聚脲机械性能的影响

为了既能保持材料的强度，又能够改善其耐低温性能，本研究进行了复配扩链剂 a 与 b 的摩尔比对改性聚脲机械性能的影响。试验显示，扩链剂 a 与 b 的复配比对改性聚脲试样的机械性能有较大影响。测试结果见图 4.5-15、图 4.5-16。

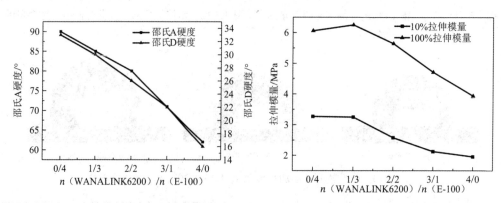

图 4.5-15　扩链剂摩尔比对硬度的影响　　图 4.5-16　扩链剂摩尔比对拉伸模量的影响

由图 4.5-15 和图 4.5-16 可知,由单一扩链剂 b 制备的改性聚脲试样邵氏硬度最大,由单一扩链剂 a 制备的改性聚脲试样邵氏硬度最小。对于由复配 a 和 b 制备的改性聚脲试样,随着 a、b 的摩尔比逐渐增加,邵氏 A 硬度与邵氏 D 硬度均呈现逐渐减小的趋势。

由于扩链剂 a 的分子量较大,并且分子两端存在体积较大的仲丁基,当其与 MDI-100 反应后生成的改性聚脲硬段较长并具有较大的空间位阻,使硬段区域排列规整性降低,减弱了硬段之间的氢键作用力;而扩链剂 E-100 的分子量较小,并且分子结构中没有大体积基团,当其与液化 MDI 反应后生成长度较小的改性聚脲硬段,具有较小的空间位阻,可形成较规整的硬段区域,具有较强的氢键作用力。因此随着 a 的用量逐渐增加,改性聚脲硬段的规整性降低,分子链之间的相互作用力减小,使得硬度逐渐降低。改性聚脲复配扩链剂的质量比对改性聚脲试样拉伸模量的影响与硬度类似,即随着 a 的用量逐渐增加,改性聚脲分子链的规整性降低,硬段之间的氢键和分子间力也降低,因此拉伸模量随之降低。

由图 4.5-17 可知,随着改性聚脲复配扩链剂 a、b 的摩尔比逐渐增加,拉伸强度和断裂伸长率基本呈现先增大后减小的趋势。当 a 和 b 的摩尔比为 1∶1(质量比为 12.59∶7.24)时,拉伸强度和断裂伸长率均最大。当单一使用 b 扩链剂时,形成的改性聚脲分子链结构较为致密,硬段区域规整性较好,氢键作用较强。但是由于 b 反应速度过快,改性聚脲物料的两个组分在混合的初始阶段就迅速反应生成凝胶,混入到来不及反应的物料中,影响了剩余物料的充分混合,使最终制得的试片结构变成了反应相对完全的致密区域和反应相对不完全的松散区域,增加了试片的缺陷,使拉伸强度和断裂伸长率下降。当使用单一的 a 扩链剂时,由于其分子量较大,反应生成的硬段结构较长,具有较大的空间位阻。同时其分子结构中存在的仲丁基具有较强的斥电子作用,抑制了其相邻的亚氨基与预聚物分子中亲核的异氰酸根的反应,降低了反应速度,使反应过程变得较为平稳,因此改性聚脲物料混合均匀性很好,制备的试片缺陷较少。由于仲丁基较大的空间位阻,所形成的改性聚脲分子链结构较为松散,硬段区域规整性有所下降,氢键作用相对较弱,所以试片的拉伸强度和断裂伸长率相对较低。

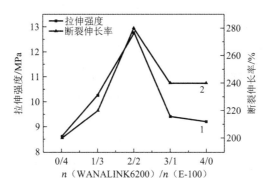

图 4.5-17 扩链剂的摩尔比对拉伸强度和断裂伸长率的影响

当 a 和 b 的摩尔比为 1∶1 时,拉伸强度和断裂伸长率均最大。这是因为扩链剂 a 的存在使反应速度降低,利于形成连续均一的试片,同时扩链剂 b 的存在有利于形成规整的硬段区域，使分子链之间产生较强的氢键作用力。因此，两种扩链剂以 1∶1 摩尔比复配促进了改性聚脲材料拉伸强度和断裂伸长率的改善。

4.5.5 硬段含量对改性聚脲机械性能的影响

硬段含量是指改性聚脲材料中硬段部分质量占总质量的百分比。通过改变硬段含量，以探索韧性与强度的变化规律，从而为聚脲涂料在工程中的应用进行有益探索。试验显示，改性聚脲硬段含量对其机械性能有较大影响。测试结果见图 4.5-18、图 4.5-19。

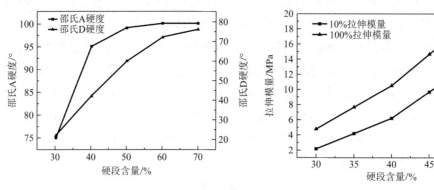

图 4.5-18　硬段含量对硬度的影响　　图 4.5-19　不同硬段含量改性聚脲的拉伸模量

由图 4.5-18、图 4.5-19 可知，随着改性聚脲硬段含量从 30%增加到 70%，改性聚脲材料的邵氏 A 硬度相应地从 75°增加到 100°，邵氏 D 硬度相应地从 22°增加到 76°。这是因为随着配方中硬段含量的提高，分子链中的刚性部分相应增加，在改性聚脲硬段之间氢键作用力提高的同时，改性聚脲中的软段含量不断降低，分子链中碳原子单键能够自由旋转的柔顺性较高的部分相应减少，使得改性聚脲的硬度提高。硬段含量对改性聚脲试样拉伸模量的影响与硬度类似。

随着硬段含量逐渐增加，改性聚脲分子链的规整性提高，硬段之间的氢键和分子间力也增大，因此拉伸模量随之增加。但是当硬段含量增大到 60%和 70%时，材料刚性过大，伸长率未达到 10%时即已断裂，因此无法测出这两种试样的拉伸模量。

由图 4.5-20 可知，随着硬段含量从 30%逐渐增加到 50%，改性聚脲试片的断裂伸长率随着硬段含量的增加而逐渐减小，拉伸强度则呈现逐渐增大的趋势，当硬段含量为 50%时，改性聚脲的拉伸强度最大。这是因为随着硬段含量逐渐增加，改性聚脲分子链的规整性提高，硬段之间的氢键和分子间力也增大，因此试片的拉伸强度逐渐增加。但是在硬段含量逐渐增加的同时，改性聚脲中的软段含量不断降低，分子链中碳原子单键能够自由旋转的柔顺性较高的部分相应减少，使得改性聚脲材料的断裂伸长率下降。但是当硬段含量增大到 60%和 70%时，一方面，材料软段含量过低，分子链中可以自由伸展的部分含量过少，致使材料脆性过大，引起拉伸强度的下降；另一方面，配方的硬段含量过高，使得原料中高活性的反应集团过于密集，反应活性也过高，聚合反应过于迅速，导致试片中形成较多微小的缺陷结构，引起拉伸强度降低。

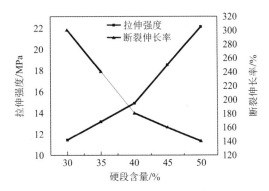

图 4.5-20　不同硬段含量改性聚脲的拉伸强度及断裂伸长率

4.5.6　差示扫描量热法（DSC）测试

用不同摩尔比 a 与 b 扩链剂制备的改性聚脲试样的玻璃化温度（T_g）经示差扫描量热法（DSC）测试所得结果如图 4.5-21 所示。图 4.5-21 将软段玻璃化温度 [T_g(Soft)] 和硬段玻璃化温度 [T_g(Hard)] 归纳于中。

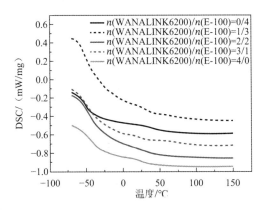

图 4.5-21　不同扩链剂摩尔比改性聚脲的 DSC 曲线

从图 4.5-21 和表 4.5-3 可知，随着 a 与 b 摩尔比的提高，硬段玻璃化温度 T_g(Hard) 逐渐下降，而软段玻璃化温度 T_g(Soft) 小幅上升，改性聚脲试样对温度的变化越来越敏感。其中 1~4 号试样软段 T_g 差距较小，耐低温性能相差不大，5 号试样软段 T_g 已经接近−40℃，其耐低温性能相对较不理想。另外这 5 种试样的硬段玻璃化温度与软段玻璃化温度的差值 [T_g(Hard)−T_g(Soft)] 分别为 87.7℃，82.1℃，73.1℃，69.1℃，66.8℃，可知这 5 种试样的软-硬两相的相分离程度也在逐渐减小。

不同扩链剂摩尔比改性聚脲软段和硬段的玻璃化温度（T_g）　　　表 4.5-3

项目编号	1	2	3	4	5
$n(a)/n(b)$	0/4	1/3	2/2	3/1	4/0
T_g(Soft)/℃	−51.0	−49.9	−47.4	−48.1	−44.8
T_g(Hard)/℃	36.7	32.2	25.7	21.0	22.0
T_g(Hard)−T_g(Soft)/℃	87.7	82.1	73.1	69.1	66.8

扩链剂 b 的分子量小于扩链剂 a 的分子量，当这两种扩链剂质量一定时，与扩链剂 a 相比，扩链剂 b 的物质的量更多，所形成的分子链的硬段与软段数量均增加，而软段的平均长度减小；反之扩链剂 a 则有利于形成数量相对较少的硬段和软段结构。另外，扩链剂 a 的分子两端含有体积较大的仲丁基，空间位阻较大，而扩链剂 b 则不含大体积基团，空间位阻较小。因此扩链剂 b 有利于分子链之间形成的较强、较多的氢键，使硬段玻璃化温度提高，同时因形成的硬段区域较规整，使得软硬两相不容易掺混，提高了相分离程度，也使得软段玻璃化温度下降。反之扩链剂 a 有利于分子链之间形成数量较少、相对较弱的氢键，使硬段的玻璃化温度相对较低，又因为形成的硬段相区域相对较松散，使硬段与软段更容易掺混，使相分离减弱，软段玻璃化温度上升。因此若要提升材料的耐低温性能，应该选择摩尔比相对较低的复配扩链剂，因此应当首选 1～4 号试样。

不同硬段含量的改性聚脲试样的玻璃化温度（T_g）经示差扫描量热法（DSC）测试所得结果见图 4.5-22。

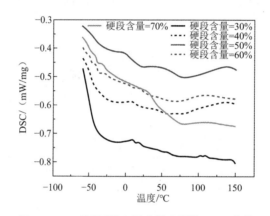

图 4.5-22　不同硬段含量改性聚脲的 DSC 曲线

不同硬段含量改性聚脲软段和硬段的玻璃化温度（T_g）　　表 4.5-4

项目编号	1	2	3	4	5
硬段含量/%	30	40	50	60	70
T_g(Soft)/℃	−50.9	−49.5	−41.7	−38.3	−39.8
T_g(Hard)/℃	31.0	45.1	62.5	68.0	58.7
T_g(Hard)−T_g(Soft)/℃	81.9	94.6	104.2	106.3	98.5

由图 4.5-22 和表 4.5-4 得知，硬段含量在 30%～40%时，软段玻璃化温度均接近−50℃，材料具有良好的耐低温性能。硬段含量从 50%增加至 70%时，软段 T_g 逐渐接近或超过−40℃，材料的耐低温性能逐渐下降。还能看出，随着硬段含量从 30%提高到 40%时，软段相玻璃化温度 T_g(Soft)变化极小，当硬段含量从 40%再提高到 70%时，每一阶段的软段相玻璃化温度变化较大。与此同时，随着硬段含量从 30%提高到 50%，每一阶段的硬段相玻璃化温度 T_g(Hard)变化相对较大，而从 50%再提高到 70%时，每一阶段的硬段相玻璃化温度变化相对较小。

由于改性聚脲的微观结构是由软段相和硬段相组成的"海-岛"结构,即由某种相态充当连续相,由另一种相态充当分散相。由试验结果可知,当改性聚脲试样的硬段含量在30%~40%时,改性聚脲以软段相为连续相,以硬段相为分散相;当改性聚脲试样的硬段含量在50%~70%时,改性聚脲以硬段相为连续相,以软段相为分散相;当改性聚脲试样的硬段含量在40%~50%之间时,呈现出明显的相转变过程。因此改性聚脲硬段含量在30%~40%之间时,以柔顺性较好的软短为连续相,耐低温性能较好。这5种硬段含量不同的试样的硬段玻璃化温度与软段玻璃化温度的差值[T_g(Hard)−T_g(Soft)]分别为 81.9℃,94.6℃,104.2℃,106.3℃,98.5℃,由此可知这5种试样的软-硬两相的微相分离程度基本上逐渐增大。

4.5.7 动态力学性能(DMA)测试

动态力学性能反映的是聚合物在周期性应力作用下表现出的性质,从中可以观察到材料的T_g并评价其阻尼性能。图 4.5-23 为不同扩链剂摩尔比的改性聚脲试样在交变应力为500mN,频率为1Hz时,力学损耗角正切值tanδ随着温度变化的曲线。从图 4.5-23 中总结出的不同扩链剂摩尔比改性聚脲试样的玻璃化温度T_g和最高使用温度T_{max}列于表 4.5-5 中。

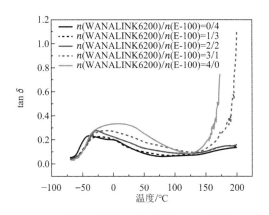

图 4.5-23 不同扩链剂摩尔比的改性聚脲试样的tanδ曲线

不同扩链剂摩尔比改性聚脲试样的 T_g 和 T_{max}　　　　表 4.5-5

项目编号	1	2	3	4	5
$n(a)/n(b)$	0/4	1/3	2/2	3/1	4/0
T_g/℃	−37.38	−23.60	−29.61	−2.31	12.57
T_{max}/℃	88.84	109.57	124.81	133.80	121.32

力学损耗角正切值tanδ等价于材料损耗模量与弹性模量之比,直接反映力学损耗的大小,间接表现出材料在不同温度下的阻尼性能大小。通常聚合物材料在所使用的温度范围内,只有当其tanδ > 0.3时,才具有明显的阻尼性能。改性聚脲材料的使用温度范围一般为−15~30℃。从图 4.5-23 可以看出,只有$n(a)/n(b)$为4/0的改性聚脲试样在−15~30℃范围内tanδ > 0.3,即具有一定的阻尼性能。同时,在−15~30℃时,不同扩链剂摩尔比的改性聚脲材料在图中所对应的tanδ的大小分别为tanδ(0/4) ≈ tanδ(1/3) < tanδ(2/2) < tanδ(3/1) <

tan δ(4/0)，说明与扩链剂 b 相比，扩链剂 a 能够提高改性聚脲的阻尼性能。另外，图 4.5-23 中较低温度下的峰值对应材料软段相的 T_g，较高温度下的曲线转折点对应材料的黏流温度。

由表 4.5-5 可知，随着扩链剂比例 $n(a)/n(b)$ 的逐渐增大，改性聚脲软段的玻璃化转变温度也逐渐增加。同时，改性聚脲的软化温度也基本呈现逐渐上升的趋势。由此可知，随着扩链剂比例 $n(a)/n(b)$ 的逐渐增大，改性聚脲的耐低温性能逐渐下降，适宜使用温度逐渐上升。这一结果进一步印证了 DSC 测试所得的结果。

图 4.5-24 为不同硬段含量改性聚脲试样在交变应力为 500mN，频率为 1Hz 时，力学损耗角正切值 tanδ 随着温度变化的曲线。从图中总结出的不同硬段含量改性聚脲试样的玻璃化温度 T_g 和最高使用温度 T_{max} 列于表 4.5-6 中。

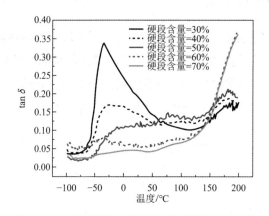

图 4.5-24 不同硬段含量的改性聚脲的 tanδ 曲线

不同硬段含量改性聚脲试样的 T_g 和 T_{max} 表 4.5-6

项目编号	1	2	3	4	5
硬段含量/%	30	40	50	60	70
T_g/℃	−34.68	−22.30	—	−33.03	—
T_{max}/℃	113.83	130.05	127.54	120.09	—

从图 4.5-24 可以看出，只有硬段含量为 30%的改性聚脲试样在−15～30℃范围内 tanδ > 0.3，即具有一定的阻尼性能。在−15～30℃时，不同硬段含量的改性聚脲材料在图中所对应的 tanδ 的大小分别为 tanδ(70%) < tanδ(60%) < tanδ(50%) < tanδ(40%) < tanδ(30%)。

从图 4.5-24 还可以看出，只有硬段含量为 30%和 40%的材料曲线有明显的峰值，说明材料以软段结构为主，进一步印证了其良好的耐低温性能。另外，图右边的转折点对应材料的软化点，即材料的温度使用上限。

由表 4.5-6 可知，随着硬段含量的逐渐增大，改性聚脲软段的玻璃化转变温度也逐渐增加。同时，改性聚脲的软化温度也基本呈现逐渐上升的趋势。由此可知，随着硬段含量的逐渐增大，改性聚脲的适宜使用温度逐渐上升。随着硬段含量的逐渐增大，T_g 以及 T_{max} 的变化并未体现出一定的规律，但当硬段含量为 40%时，T_g 与 T_{max} 均最大。

4.5.8 扫描电子显微镜（SEM）

由不同摩尔比的复配扩链剂 a 和 b 所制备的改性聚脲试样表面的 SEM 图像见图 4.5-25。

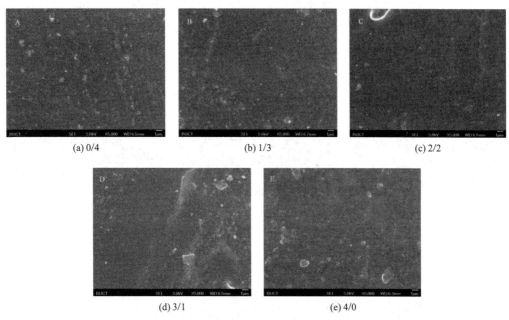

图 4.5-25　不同扩链剂摩尔比［$n(a)/n(b)$］的改性聚脲试样 SEM 图像

在放大倍率为 5000 倍时，可以观察到与摩尔比为 0/4、1/3、3/1 和 4/0 的改性聚脲试样相比，摩尔比为 2/2 的改性聚脲试样中的杂质含量相对较少。这是因为扩链剂 a 的分子量较大，且分子两端存在体积较大的仲丁基，当其作为改性聚脲的硬段结构时，空间位阻较大；而扩链剂 b 的分子量较小，且其分子结构中没有大体积基团，当其作为改性聚脲的硬段结构时，空间位阻较小。因此随着 a 的用量逐渐增加，硬段之间的氢键和分子间力降低，改性聚脲硬段区域的规整性降低，分子链排布变得松散，反应活性下降。

当单一使用 b 扩链剂时，形成的改性聚脲分子链氢键作用较强，结构较为致密，硬段区域规整性较好，反应活性较高。但是由于 b 反应速度过快，改性聚脲物料的两个组分在混合的初始阶段就迅速反应生成凝胶，混入到来不及反应的物料中，影响了剩余物料的充分混合，使最终制得的试片结构变成了反应相对完全的致密区域和反应相对不完全的松散区域，增加了试片的杂质和缺陷；当单一使用 a 扩链剂时，由于其分子结构中存在的仲丁基空间位阻较大，其较强的斥电子作用抑制了其相邻的亚氨基与预聚物分子中亲核的异氰酸根的反应，使其反应活性降低，所形成的改性聚脲分子链结构较为松散，硬段区域规整性有所下降，也使得试样的平整性有所下降。当 a 和 b 的质量比为 1∶1 时，可以充分利用两种扩链剂各自的优点，扩链剂 a 的存在使得反应体系拥有比较适当的反应活性和适宜的反应速度，同时扩链剂 b 的存在使得分子链之间产生较强的氢键作用力，有利于形成规整的硬段区域和平整的试片结构。两种扩链剂的共同作用有利于形成连续均一、强度与韧性较高的试片。

由图 4.5-26 可知，当放大倍率为 5000 倍时，可以观察到硬段含量为 30%、40% 和 50% 的改性聚脲材料表面的结构均一性较高，缺陷与杂质含量很少。而随着硬段含量继续增加，改性聚脲试片的表面结构均一性急剧下降。由图可以观察到硬段含量为 60% 的改性聚脲试样表面有相当数量的杂质分散在整体表面结构中，同时还存在一定数量的断面结构，使表面较不平整；而硬段含量为 70% 的改性聚脲试样表面分散着极多的杂质，还存在大量的断面结构，使表面形态极不平整。

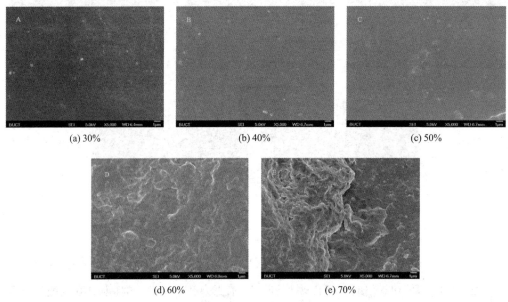

图 4.5-26　不同硬段含量的改性聚脲试样 SEM 图像

上述现象是因为随着改性配方硬段含量的逐渐增加，硬段之间的氢键和分子间力也增大，反应体系的反应活性迅速提高，使得原料的反应速度迅速增大。当硬段含量为 30% 和 40% 时，反应活性适中，反应速度相对较慢，改性聚脲原料的两个组分在混合后有充分的时间混合均匀，平稳的反应可以形成较平整的表面结构。当硬段含量为 50% 时，反应活性和反应速度有较大提高，试样的表面结构仍然较为平整，但已经出现了少量杂质。但是当硬段含量增大到 60% 和 70% 时，材料硬段含量过高，硬段之间的氢键和分子间力急剧增大，同时原料中高活性的反应集团过于密集，使反应活性也过高，聚合反应过于迅速，使得改性聚脲原料的两个组分在混合初始阶段就迅速反应生成大量凝胶结构，分散到来不及反应的原料中，影响了剩余原料的充分混合，使最终制得的试片结构变成了反应相对完全的致密区域和反应相对不完全的松散区域，增加了试片的杂质和缺陷，同时使材料表面结构极不平整，出现许多断面式的缺陷结构。

4.5.9　热失重分析（TG）

不同扩链剂摩尔比改性聚脲试样在空气氛围中的热失重分析试验结果见图 4.5-27 和图 4.5-28。

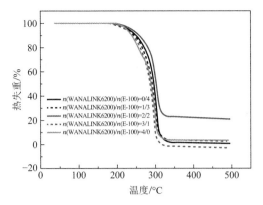 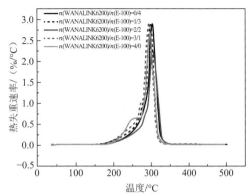

| 图 4.5-27 | 不同扩链剂摩尔比改性聚脲试样的热失重分析曲线 | 图 4.5-28 | 不同扩链剂摩尔比改性聚脲试样的热失重速率曲线 |

由图 4.5-27 可知不同摩尔比复配扩链剂制备的试样均在 180℃左右开始分解,由图 4.5-28 可知在 300℃左右达到最大分解速率,并在 320℃左右分解完全。还可知这 5 种试样在空气中的分解速率基本相同,但扩链剂比例为 2/2 的改性聚脲试样分解速率相对较慢。根据阿伦尼乌斯方程,材料的热分解及氧化反应的速率常数会随着温度的升高而急剧增加,高温下较短时间的化学反应与常温下较长时间的化学反应基本等效。因为这几种改性聚脲材料的初始分解温度远高于材料可能使用的最高温度,可推断其在室温下有相当长使用寿命,具有良好的耐热氧老化性能。扩链剂比例为 2/2 的改性聚脲试样最终残余质量分数为 20%,其余 4 个试样基本没有残余质量,这可能来源于仪器的误差,或是因为在扩链剂比例为 2/2 的改性聚脲试样中混入了难以分解的杂质导致的。

不同硬段含量改性聚脲试样在空气氛围中的热失重分析试验结果见图 4.5-29 和图 4.5-30。

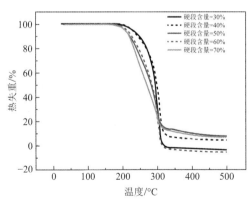 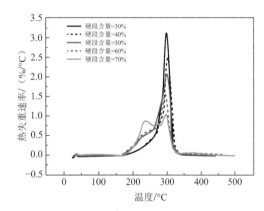

图 4.5-29 不同硬段含量改性聚脲试样的热失重分析曲线   图 4.5-30 不同硬段含量改性聚脲试样的热失重速率曲线

由图 4.5-29 可知不同硬段含量改性聚脲试样均在 180℃左右开始分解,并都在 320℃左右分解完全。从图 4.5-30 中可以观察到,不同试样的最高分解温度基本都出现在 300℃左右,但是硬段含量对改性聚脲的热失重速率影响明显。当硬段含量从 30%逐渐增加到 70%

时，改性聚脲的热失重速率逐渐降低，即硬段含量越高，材料具有越高的耐高温性和耐热氧老化性。

由于硬段含量较高的改性聚脲具有低的热分解温度，所以硬段含量较高的改性聚脲具备最长的使用寿命。这是因为硬段含量较低的改性聚脲分子链以软段结构为主，分子间力较小，分子链排列相对比较松散，结晶作用相对较弱，材料受热易软化分解，耐热性较低；硬段含量较高的改性聚脲分子链含有较多的硬段结构，分子间力较强，分子链排列相对比较规整，结晶作用相对较强，材料耐热性较好。

4.5.10 耐腐蚀性能测试

改性聚脲防水涂料必须具备优异的耐腐蚀性能，关键是能够耐受海水环境下的水解作用。本节对不同摩尔比复配扩链剂制备的 5 种改性聚脲分别称量其质量，再将试样置于消化罐中，然后在 150℃的 5%NaOH 溶液中水解 8h 后，将试样用蒸馏水洗涤，完全干燥，再称量出剩余质量，计算出试样的质量损失率，见图 4.5-31 和表 4.5-7。

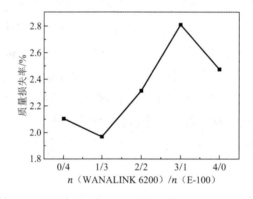

图 4.5-31 不同扩链剂摩尔比改性聚脲试样的质量损失率

不同扩链剂摩尔比改性聚脲试样的耐腐蚀性能测试　　　　表 4.5-7

项目编号	1	2	3	4	5
$n(a)/n(b)$	0/4	1/3	2/2	3/1	4/0
原始质量/g	0.7413	0.7430	0.7441	0.7480	0.7402
消化后质量/g	0.7257	0.7284	0.7269	0.7270	0.7219
质量损失率/%	2.104	1.965	2.312	2.807	2.472
质量损失率标准差/%	9.777	15.74	0.8576	20.37	6.003

由表 4.5-7 可知，不同改性聚脲试样水解的质量损失率较小，基本都在 2%～3%，证明这 5 种试样具有良好的耐水解腐蚀性。5 种扩链剂摩尔比改性聚脲试样的质量损失率的标准差基本在 20%之内，可推断出不同扩链剂摩尔比对改性聚脲试样的耐水解腐蚀性能不存在明显的影响。

分别称量不同硬段含量的 5 种改性聚脲试样的质量，再将其置于消化罐中，然后在 150℃的 5%NaOH 溶液中水解 8h 后，将试样用蒸馏水洗涤，完全干燥，再称量出剩余质量，计算出试样的质量损失率，见图 4.5-32 和表 4.5-8。

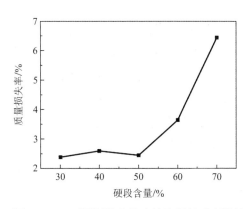

图 4.5-32 不同硬段含量改性聚脲的耐腐蚀性

不同硬段含量改性聚脲试样的耐腐蚀性能测试 　　　表 4.5-8

项目编号	1	2	3	4	5
硬段含量/%	30	40	50	60	70
原始质量/g	0.7474	0.7248	0.7508	0.7358	0.7843
消化后质量/g	0.7295	0.7060	0.7323	0.7089	0.7336
质量损失率/%	2.395	2.594	2.464	3.656	6.464
质量损失率标准差/%	33.14	31.86	29.89	4.023	83.92

由表 4.5-8 可知，5 种不同硬段含量的改性聚脲试样的质量损失率的标准差较大，可推断出硬段含量对改性聚脲试样的耐水解腐蚀性能有显著影响。可以观察到随着硬段含量的增加，改性聚脲耐水解腐蚀性能逐渐下降，当硬段含量超过 50%以后，改性聚脲耐水解腐蚀性能明显降低。这是因为硬段含量较低的改性聚脲分子链以软段结构为主，而软段的主链连接以 C—C 单键和 C—O—C 醚键为主，具有良好的耐水解腐蚀性；硬段含量较高的改性聚脲分子链含有较多的硬段结构，而硬段结构中含有较多较易水解的—NH—CO—NH—脲基结构，使水分子容易迁移到分子链中间，同时脲基的水解性较强，使硬段含量较高的材料水解损失率较大，且硬段含量较高的改性聚脲试样在碱性环境下更容易水解。

4.6 本章小结

1）研发了结构迎水面注浆法渗漏治理材料及配方

（1）研制了改性丙烯酸盐注浆材料

采用 IPN 技术，以丙烯酸盐、水性环氧树脂和水玻璃为主剂，在交联剂、引发剂、固化剂和催化剂的作用下,形成互穿交织网络结构聚合物(改性丙烯酸盐注浆材料)。将A液和B液体积比1∶1混合生成的凝胶体吸水倍率高达1080.3g/g,由此提出了"以水防水,锁水防渗"的结构裂缝堵漏理念。材料的凝胶时间可在几秒到几十分钟之间调控,能广泛适用于不同级别、类型渗漏水治理。

(2)研制了具有高反应活性的水溶性聚氨酯注浆材料

应用嵌段聚合理论,根据设计的高亲水性能聚氨酯材料分子结构,通过聚合反应制备了端异氰酸酯基聚氨酯预聚体。以端异氰酸酯基水溶性聚氨酯预聚体为基体,通过配方工艺的优化,研制了一种新型亲水溶性聚氨酯封堵剂,具有可注性好、包水率高、反应活性高等特点,有效解决了现有水溶性聚氨酯材料固结体孔隙大、收缩性大、无稀释水性等问题。水溶性聚氨酯治理材料浆液黏度为800mPa·s左右,遇水凝胶时间可控制在50s左右,反应后固结体发泡率大于400%,包水倍率超过30g/g,遇水膨胀率为57%左右。同时浆液对水质适应性强,可在pH值4.0~12.0的水中凝固形成致密的弹性体。

(3)研制了高强度环氧树脂注浆材料

通过分子结构调控和互穿网络等手段,创造性地采用有机硅对环氧树脂进行改性处理,同时通过表面活性剂和偶联剂改性优化,提高浆材浸润渗透性和粘结性,突破了传统环氧树脂材料有水动水条件下可灌性差、抗挤出破坏能力低的技术瓶颈,研制了高强度改性环氧树脂注浆材料。采用糠醛—丙酮稀释体系,使环氧树脂固结体具备收缩小,耐久性、耐老化性能好,污染小等优点。采用高分子固化剂使环氧树脂在低温和水中固化,能在一定程度上改善环氧树脂的脆性,同时气味小、毒性低。采用2,4,6—(三甲氨基甲基)苯酚促进剂,含有羟基,能与环氧基形成氢键,可以加速胺—环氧基之间的反应,大大缩短固化时间。

2)研发了结构背水面喷涂法渗漏治理材料及配方

(1)研制了聚脲底涂界面胶粘剂

基于仿生分子结构设计、可控聚合技术,将多巴胺引入层间界面剂,研制了既有渗透性、桥接作用,又能很好封层的宽冗余施工特性的层间界面底涂胶粘剂,有效解决了传统聚脲底涂不适合多界面粘结的问题,即使长期处于潮湿环境,仍能很好粘结混凝土与聚脲层,潮湿水泥粘结界面拉拔强度≥2MPa。宏观剥离试验,含有多巴胺界面胶粘剂拉拔强度为3.54MPa,而未含多巴胺界面胶粘剂拉拔强度为2.35MPa,验证了底涂胶粘剂具有优越的黏附性。

(2)研制了双组分聚脲喷涂材料

首次在双组分喷涂聚脲体系中引入改性蓖麻油多元醇,通过合理配方设计及优化,控制扩链剂的摩尔比、硬段含量,研制并合成了高性能双组分憎水型聚脲防护材料,吸水率(100℃×10h)达到不大于0.1%,突破了吸水率通常大于1%的瓶颈,使用过程中不会出现水浸入、膨胀、变形和冻融等问题,解决了传统聚脲材料亲水性的问题,显著延长了聚脲使用寿命。

第 5 章

城市地下工程渗漏水治理施工工艺研究

5.1 注浆治理施工工艺

5.1.1 施工准备工作

1）水文地质条件

水文地质条件是指有关地下水形成、分布和变化规律等条件的总称。包括地下水的补给、埋藏、径流、排泄、水质和水量等。一个地区的水文地质条件是随自然地理环境、地质条件，以及人类活动的影响而变化。开发利用地下水或防止地下水的危害，必须通过勘察，查明水文地质条件。

2）设备和材料的准备

按照设计准备注浆设备，对钻机、浆液搅拌机、注浆泵等进行保养，并试运转，必要时还需进行特性试验。

对于注浆泵，它的试运转操作程序如下：打开注浆泵出口处的回浆阀，关闭输出阀，启动注浆泵，待流量、压力稳定后，测定并记录流量和压力。然后按试验要求，逐渐关小回浆阀，使压力徐徐上升到最大注浆压力，测出各个压力点的流量。与此同时，检查注浆泵有无异常情况，发现故障及时排除。注浆材料应按设计要求准备足够的数量。

3）渗漏水病害调研

（1）检测工具

结构渗漏水检测属于外观质量检测的范围，以北京市地铁渗漏水病害调研为例，采用无损检测手段结合量尺、秒表的方法进行地铁区间渗漏水病害检测，对结构渗漏点位置、范围及渗水量大小进行检测；采用5m卷尺、裂缝塞尺、激光测距仪、3m人字梯、强光手电、小锤、粉笔等工具进行地铁车站渗漏水病害检测，见表5.1-1，检测位置重点包括变形缝、施工缝、裂缝、楼梯踏步、电梯井及地面。

（2）房屋建筑地下工程渗漏水检测

① 湿渍检测时，检查人员用干手触摸湿斑，无水分浸润感觉。用吸墨纸或报纸贴附，纸不变颜色；用粉笔勾画出湿渍范围，然后用钢尺测量并计算面积。

②渗水检测时，检查人员用干手触摸可感觉到水分浸润，手上会沾有水分。用吸墨纸或报纸贴附，纸会浸润变颜色；用粉笔勾画出渗水范围，然后用钢尺测量并计算面积。

③通过集水井积水，检测在设定时间内的水位上升数值，计算渗漏水量。

渗漏水检测工具　　　　　　　　　　　　　表 5.1-1

名称	用途
三维激光扫描仪、探地雷达、红外热像仪	渗漏水识别检测
卷尺、钢直尺	量测混凝土湿渍、渗水范围
裂缝塞尺、分度值为 0.1mm 的钢尺	量测混凝土裂缝宽度
放大镜	观测混凝土裂缝
有刻度的塑料量筒	量测滴水量
秒表	量测渗漏水滴落速度
吸墨纸或报纸	检验湿渍与渗水
粉笔	在混凝土上用粉笔勾画湿渍、渗水范围
工作登高扶梯	顶板渗漏水、混凝土裂缝检验
带有密封缘口的规定尺寸方框	量测明显滴漏和连续渗流，根据工程需要可自行设计

（3）隧道工程渗漏水检测

①隧道工程的湿渍和渗水应按房屋建筑地下工程渗漏水检测。

②隧道上半部的明显滴漏和连续渗流，可直接用有刻度的容器收集量测，或用带有密封缘口的规定尺寸方框，安装在规定量测的隧道内表面，将渗漏水导入量测容器内，然后计算 24h 的渗漏水量。

③若检测器具或登高有困难时，允许通过目测计取每分钟或数分钟内的滴落数目，计算出该点的渗漏水量。通常，当滴落速度为 3～4 滴/min 时，24h 的漏水量就是 1L。当滴落速度大于 300 滴/min 时，则形成连续线流。

④为使不同施工方法、不同长度和断面尺寸隧道的渗漏水状况能够相互加以比较，必须确定一个具有代表性的标准单位。渗漏水量的单位通常使用 "L/m^2"。

⑤隧道渗漏水量可通过集水井积水，检测在设定时间内的水位上升数值计算；或通过隧道最低处积水，检测在设定时间内的水位上升数值计算；或通过隧道内设量水堰，检测在设定时间内水流量计算；或通过隧道专用排水泵运转，检测在设定时间内排水量计算。

4）人员组织培训及施工流程组织

确定各工种的人员，明确各人员的职责，编制劳动组织配备表。注浆需要专门训练的工人来完成，因此培训是十分重要的。

以地铁渗漏水治理工程为例，运营地铁天窗时间短，且地铁区间渗漏水治理搬运物料距离长，因此需做好渗漏水注浆治理施工组织，保证在有限的施工作业点时间段内，实现

第5章 城市地下工程渗漏水治理施工工艺研究

施工效率最大化。现以地铁区间渗漏水病害二衬背后注浆治理为例,进行渗漏水注浆治理施工流程安排。假设某地铁运营区间允许施工作业时间段为 00:30～03:30,则地铁区间渗漏水注浆治理施工流程安排见表 5.1-2。

地铁区间渗漏水注浆治理施工流程　　表 5.1-2

序号	施工步骤	时间	现场照片
1	物料准备	00:20～00:25	
2	安全技术交底	00:25～00:30	
3	物料搬运	00:30～00:50	
4	物料区间运输	00:50～01:10	

续表

序号	施工步骤	时间	现场照片
5	注浆前准备	00:10～01:25	
6	开始注浆	01:25	
7	结束注浆	02:55	
8	区间物料出清	02:55～03:15	
9	物料出清至站厅	03:30	

5.1.2 基于不同结构部位的注浆施工工艺研究

1）主要地下结构渗漏水病害分类

按照地下结构不同渗漏水部位进行渗漏水病害分类，见表5.1-3。

地下结构渗漏水情况及分类明细　　　　　表 5.1-3

序号	渗漏水病害类型	现场照片	备注
1	阴角接缝型	 	多分布于顶板/梁与侧墙交界位置
2	混凝土缺陷型	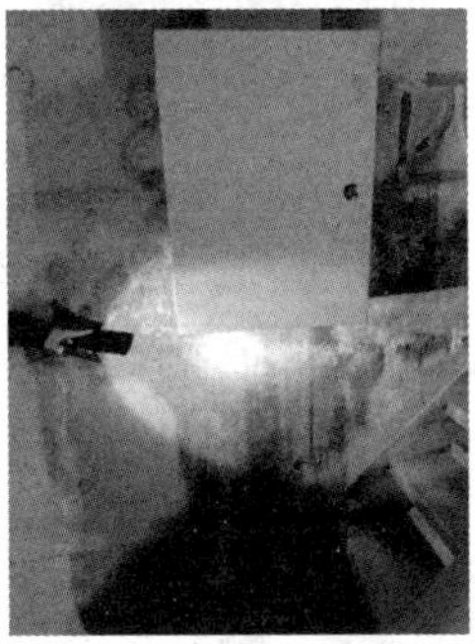 	多分布于电箱后位置
3	普通裂缝/施工缝型	 	
4	变形缝型	 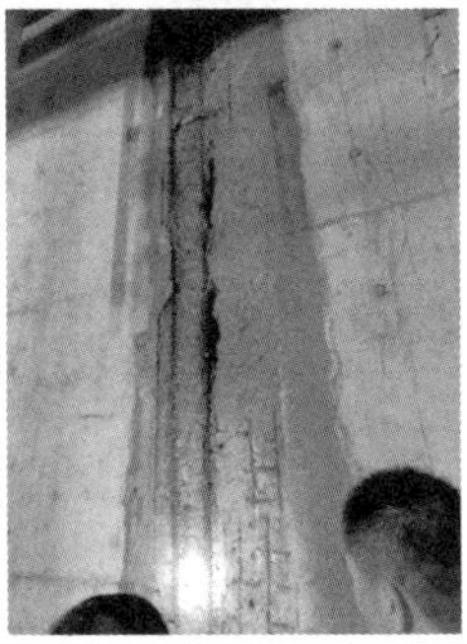	

续表

序号	渗漏水病害类型	现场照片	备注
5	穿顶板管/预埋件型		
6	混凝土劣化型		
7	管片接缝型		
8	道床渗漏积水型		
9	转辙机基坑渗漏积水型		

2）阴角接缝型渗漏水施工示意，见图 5.1-1。

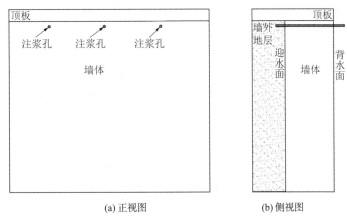

图 5.1-1　阴角接缝型渗漏水施工示意图

（1）施工工艺流程

钻孔→埋设注浆嘴→配制浆液→注浆→注浆结束判定→封堵注浆嘴→恢复结构。

（2）施工说明

① 在阴角接缝以下位置进行渗漏水注浆施工，注浆孔距阴角接缝向下 100～200mm 位置，孔位间距为 300～500mm。对局部渗漏水严重处应加密注浆点。

② 依据钻孔后的涌水情况配置浆液，利用水溶性聚氨酯、水玻璃-丙烯酸盐等注浆材料进行注浆治理。

③ 钻孔深度以打透墙面的深度为准。采用注浆材料进行注浆作业，注浆过程中时刻注意注浆压力及注浆流量变化，其中注浆压力维持在 0.1～0.2MPa，不得超过 0.3MPa，同时保证注浆作业连续进行，不得无故中断。

④ 高处施工需搭设脚手架。

3）低墙面混凝土缺陷型渗漏水施工示意，见图 5.1-2。

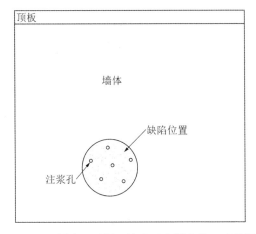

图 5.1-2　低墙面混凝土缺陷型渗漏水施工示意图

（1）施工工艺流程

钻孔→埋设注浆嘴→配制浆液→注浆→注浆结束判定→封堵注浆嘴→恢复结构。

（2）施工说明

① 在混凝土缺陷位置范围内、电箱周边位置进行渗漏水注浆施工，必要时拆除电箱结构。孔位间距为300～500mm，呈梅花形布置。对局部渗漏水严重处应加密注浆点。

② 依据钻孔后的涌水情况配置浆液，利用水溶性聚氨酯、水玻璃-丙烯酸盐等注浆材料进行注浆治理。

③ 钻孔深度以打透墙面的深度为准，形成背后再造防水层。采用注浆材料进行注浆作业，注浆过程中时刻注意注浆压力及注浆流量变化，其中注浆压力维持在0.1～0.2MPa，不得超过0.3MPa，同时保证注浆作业连续进行，不得无故中断。

4）普通裂缝和施工缝型渗漏水治理方案，见图5.1-3、图5.1-4。

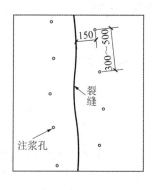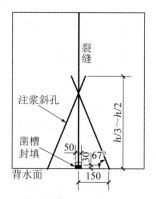

图5.1-3 普通裂缝渗漏水治理方案

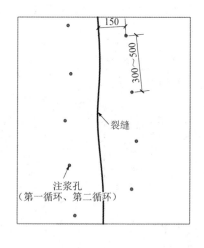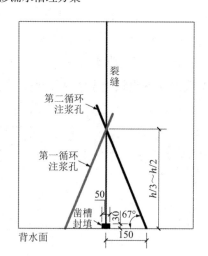

图5.1-4 施工缝型渗漏水治理方案

（1）施工工艺流程

病害调研→开槽及封槽→裂缝两侧钻斜孔→埋设注浆嘴→注浆作业→注浆结束判定→封堵注浆口。

（2）施工说明

① 以裂缝作为开槽宽度中心线，对结构裂缝进行开槽处理，沿裂缝两侧，开槽宽度为50mm、深度为30mm，开槽完成后使用清水清洗。利用速凝型无机防水堵漏材料嵌填封槽，便于裂缝位置承受后续的注浆压力。

② 沿裂缝两侧钻斜孔注浆，注浆孔的位置距裂缝100～200mm（视混凝土结构厚度和钻孔内倾角而定），两侧孔位错开布置，间距为300～500mm，内倾角为45°～75°。钻孔进入结构面深度为$h/3$～$h/2$（h为混凝土结构厚度），且一般为200mm，孔径10～12mm。

③ 依据钻孔后的涌水情况配置浆液，利用水溶性聚氨酯、水玻璃-丙烯酸盐、超细水泥等注浆材料进行注浆治理。

④ 对于渗水量较大的裂缝，在进行完凿槽封填后，遵照循环、间歇注浆原则，第一循环钻孔注浆深度以保证与裂缝相交为原则，注浆材料为快速堵水材料。第一循环注浆完成且裂缝位置无明水后，以缝隙湿渍处理方式进行钻孔注浆治理（第二循环注浆），第二循环注浆钻孔深度不小于第一循环注浆钻孔深度。

⑤ 高处施工需搭设脚手架。

5）变形缝型渗漏水施工示意，见图5.1-5。

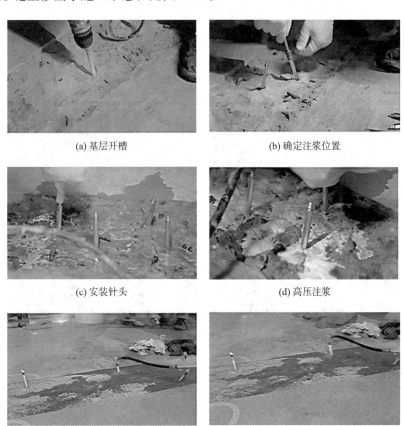

(a) 基层开槽　　　　　　　　(b) 确定注浆位置

(c) 安装针头　　　　　　　　(d) 高压注浆

(e) 注浆至浆液流出　　　　　(f) 清理针头并抹灰恢复

图 5.1-5　变形缝型渗漏水施工示意图

（1）施工工艺流程

病害调研（变形缝类型）→变形缝清理→开槽及封槽→变形缝位置钻孔→埋设注浆嘴→注浆作业→注浆结束判定→封堵注浆口→恢复结构。

（2）施工说明

① 在变形缝处钻直孔注浆，间距为300～500mm，孔径10～12mm。

② 依据钻孔后的涌水情况配置浆液，利用水溶性聚氨酯、聚脲等注浆材料进行注浆治理。

③ 钻孔深度以打透墙面的深度为准，形成背后再造防水层。采用注浆材料进行注浆作业，注浆过程中时刻注意注浆压力及注浆流量变化，其中注浆压力维持在0.1～0.2MPa，不得超过0.3MPa，同时保证注浆作业连续进行，不得无故中断。

④ 高处施工需搭设脚手架。

6）穿顶板管/预埋件型渗漏水施工示意，见图5.1-6。

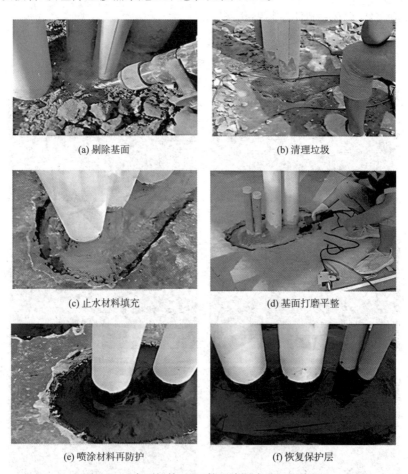

图5.1-6　穿顶板管/预埋件型渗漏水施工示意图

（1）施工工艺流程

病害调研→基面清理→埋设注浆嘴→注浆作业（止水材料填充）→注浆结束判定（基

面打磨)→封堵注浆口→喷涂材料再防护。

(2) 施工说明

① 预埋件松动导致预埋件周边渗漏水时,可将预埋件拆出,除去粘连的混凝土及浮沉,并将其表面污锈清除干净,再将预埋件浇筑在混凝土预制块中,预制块周围要做好防水砂浆抹面。

② 注浆材料、止水材料以聚脲、水不漏、快凝水泥砂浆等为主;喷涂材料为混凝土渗透结晶材料。

③ 注浆完成后观察注浆堵涌效果,必要时可重复注浆。

7) 混凝土破损型渗漏水注浆施工工艺

(1) 施工工艺流程

既有设施拆除→注浆封堵→基面清理→表面修复→挂网施工→模板支设→混凝土浇筑→模板拆除及恢复。

(2) 施工说明

① 既有设施拆除

为确保灌浆密实,首先将渗漏水位置的既有设施全部拆除,观察混凝土破损情况。

② 注浆封堵

对渗漏水部位进行注浆封堵,注浆材料选用水玻璃-丙烯酸盐类化学注浆材料及水泥水玻璃的双液浆进行注浆。注浆压力为 0.1~0.3MPa,当注浆压力维持在 0.3MPa 1min 后,压力无变化时,停止注浆作业并关闭注浆孔。

③ 基面清理

将注浆后的表面凿除,缺失混凝土的部位暴露出来,并向外剔凿 2~3cm,至露出新鲜混凝土面并将表面清理干净。

④ 表面修复

在剔凿出的表面涂刷环氧改性聚合物或非渗油蠕变橡胶沥青,以便提高混凝土结构防水能力并能使涂刷材料和混凝土更好地结合。

⑤ 挂网施工

采用跟主筋相同强度的钢筋,挂钩焊接在主筋上,并在挂钩部位挂铁丝网。

⑥ 模板支设

支设模板,采用膨胀螺栓将模板固定。注浆管采用$\phi 25$钢管预制好,灌浆管低于排气管 10mm,排气管需设置在孔洞最高处,注浆管设置一个,排气管设置一个,在钢板上固定好。

使用密封胶等将模板与混凝土、注浆管、螺栓等缝隙封堵严密,避免跑浆。

⑦ 混凝土浇筑

在模板内注入微膨胀水泥浆,水泥浆强度与施工混凝土强度相同。为保证灌浆饱满,采用灌浆量与灌浆压力双控措施,根据空洞大小提前估算要灌浆的量,并根据预估量备 1.1

系数的实际量。当孔洞开始灌浆至排气管有浆液流出时，要停止灌浆，清理好灌浆管，等待至第二天进行二次灌浆。

二次灌浆时，要减缓灌浆速度，直到排气管溢出浆液，关闭排气管继续灌浆并观察灌浆压力表数值的变化。当灌浆压力表数值在 0~0.2MPa 范围内稳定 1min 后，压力无变化时，灌浆量基本达到饱和，这时停止灌浆并关闭灌浆孔阀门。

⑧ 模板拆除及恢复

在混凝土浇筑完成 3d 后拆除模板，所有模板、角钢及螺栓均必须在同一工日内拆除完毕，模板拆除完毕后对混凝土上多余的注浆管、排气管、螺杆、胀栓等进行切除，并确保灌浆已密实。

重新制作施工缝及接水盒等既有设施，对集水盒位置灌浆填充部分进行剔除及集水盒恢复。

8）管片接缝型渗漏水注浆施工工艺

见第 5.1.3 节。

9）道床渗漏水注浆施工工艺

（1）施工工艺流程

表面清理→围岩止水注浆→结构堵漏注浆→空隙填充注浆→基面清理→检查验收。

（2）施工说明

① 围岩止水注浆：从道床两侧向下打孔注浆加固隧道仰拱以下地层，在隧道仰拱外形成一道止水帷幕隔断外围地下水。使用注浆材料为水泥-水玻璃双液浆。

② 结构堵漏注浆：道床位置梅花形布置钻孔，钻孔深度为二衬结构厚度，通过注浆将注浆料挤压渗透到结构的蜂窝、孔洞、裂缝等处形成高弹性防水凝胶体层，恢复结构自防水功能。使用注浆材料为水玻璃-丙烯酸盐。

③ 空隙填充注浆：先清理干净道床底部的淤泥、杂物等，再在道床和二衬间低压注浆填充脱空区，将道床和隧道仰拱连为一体，杜绝渗漏水通道。使用注浆材料为改性环氧树脂。

10）转辙机基坑渗漏水注浆施工工艺

（1）施工工艺流程

清理基坑内积水及杂物→打磨基坑内混凝土基面，寻找具体渗水位置→基坑内及周围道床灌注水玻璃-丙烯酸盐材料→灌注改性环氧树脂材料封端，表面加固修复→基面干燥及清理，喷涂防水材料。

其中，基坑内及周围道床钻孔注浆操作具体为：

钻孔（穿透道床）→灌注水玻璃-丙烯酸盐材料→观察渗漏水及冒浆情况→灌注改性环氧树脂材料封端→拆除注浆管、封堵注浆孔。

（2）施工说明

转辙机基坑渗漏水注浆孔位布置见图 5.1-7。

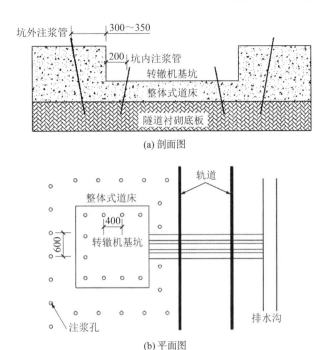

图 5.1-7 转辙机基坑渗漏水注浆孔位布置图

5.1.3 基于不同工程类型的注浆施工工艺研究

1）盾构隧道区间渗漏水治理工艺

（1）接缝渗漏水注浆治理

盾构隧道区间接缝渗漏水通常表现为 1~3 级渗漏水病害，见图 5.1-8，其具体施工工艺及注浆材料选用如下。

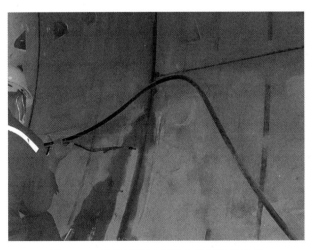

图 5.1-8 盾构隧道区间防水修复注浆作业

① 渗漏水状态及位置调研

对管片接缝吹扫清理，找到渗漏点，对渗漏水位置标记，并进行渗漏水病害分类，即定义该位置渗漏水状态。盾构隧道区间渗漏水位置及状态宜采用表格法统计，且应将管片衬砌以 5～10 环为一组逐组展开统计。

② 设立隔离柱

为保证化学注浆的压力效果，在渗漏水部位两端各延长 20～50cm 位置钻孔设立隔离柱，用切割机清理渗漏水缝部位的两内侧，见图 5.1-9。

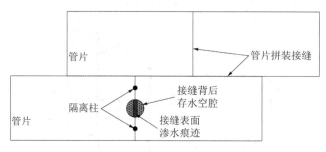

图 5.1-9　设立隔离柱示意图

③ 安装注浆嘴

首先用快速封堵材料对渗漏水缝部位进行封堵，然后用 $\phi 14mm$ 钻头钻孔，安装注浆嘴。

④ 注浆作业

通过已安装好的注浆嘴，采用注浆材料进行注浆作业。注浆过程中时刻注意注浆压力及注浆流量变化，其中注浆压力维持在 0.2～0.25MPa，不得超过 0.3MPa，同时保证注浆作业连续进行，不得无故中断。

如一条接缝处存在多个渗漏点且间距较大，则注浆作业应由下向上进行。

⑤ 封堵注浆口

注浆作业完成后，撤除注浆嘴，清理管片缝内的灰尘，用快凝水泥封堵注浆口，清理注浆口周边多余凝胶体，或在水泥表面喷涂水性渗透结晶材料作为第二道防水层。

⑥ 注浆材料选用

与混凝土结构裂缝型渗漏水不同，盾构区间接缝型渗漏水无需过多关注注浆材料结构补强性。根据注浆材料优选评价数据库，1～2 级渗漏水病害治理材料选用丙烯酸盐材料；3 级及以上渗漏水病害，则选用聚氨酯注浆材料，或采取盾构管片壁后注浆施工。

（2）管片壁后注浆治理

因同步注浆填充不密实等，富水地层中的盾构区间隧道渗漏水病害具体表现为突涌水且携带泥砂现象（通常表现为 4～5 级渗漏水病害），影响列车行车安全，见图 5.1-10。此类渗漏水病害需采用壁后注浆治理措施，因壁后注浆施工浆液用量大，从注浆材料使用成本、治理效果及耐久性等多方面考虑，采取的施工措施为：首先采用丙烯酸盐、水泥、粉煤灰复合浆液填充管片壁后注浆空洞，待渗漏水病害降低为 1～3 级后，再使用渗漏水注浆材料进行盾构区间管片接缝堵水施工，见图 5.1-11。

图 5.1-10 盾构区间突涌水病害

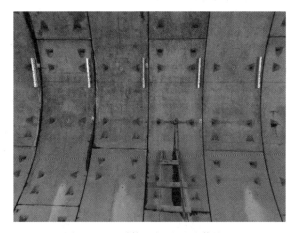

图 5.1-11 盾构区间壁后注浆施工

① 浆液配备

壁后注浆采用自主研发的丙烯酸盐、水泥、粉煤灰复合材料。注浆浆液在工作面附近采用双液注浆机自备的搅拌桶拌制。

② 钻孔及注浆头安装

使用冲击钻将管片注浆孔击穿，并安装注浆头。注浆头为管片吊装螺栓改造而成，前端带丝扣可拧入管片注浆孔中，后端带丝扣可接球阀与注浆管。安装好后应将球阀与注浆管接上，并关闭球阀。

③ 注浆作业

将双液注浆机上的两根吸浆管分别放置在水泥浆与水玻璃中，打开注浆头球阀，关闭混合器泄压阀。注浆开始后,两种浆液被吸入,通过混合器在最前端管路中混合并注入管片壁后。注浆停止后,应先关闭注浆头球阀,再打开混合器泄压阀,待管内压力释放后,方可拔除注浆管。注浆顺序:补强注浆应先压注可能存在大的空隙一侧,或软岩、节理裂隙较发育的一侧。如需整环补强注浆,注浆应由下至上、左右均衡选择注浆孔进行。壁后注浆量主要由注浆压力控制,注浆压力尽量控制在 0.5MPa 以内,防止因为注浆压力过大使连接螺栓被剪断。

④ 注浆机清洗

注浆结束后,应用清水对管路进行清洗。将两根吸浆管同时放入清水桶中,打开注浆机用清水清洗管路,要求达到从注浆管口压出的水中无水泥浆或双液浆结块杂质。

(3)渗漏水注浆材料治理

待壁后注浆填充施工完成后,使用有机材料进行局部位置渗漏水注浆治理。

2)暗挖隧道区间及地下建筑渗漏水治理工艺

(1)1～2 级渗漏水病害治理

暗挖区间及地下结构渗漏水病害通常发生于混凝土结构裂缝、施工缝和变形缝处(统称为裂缝),故防水修复施工工艺依照裂缝展开。

① 微裂缝型渗漏水治理

对于缝宽＜0.3mm、渗漏水类型表现为湿渍、干渍的微裂缝,采用混凝土结构自修复防水施工工艺。即在结构表面喷涂水性渗透结晶材料作为结构背水面防水层,结晶材料喷涂面以结构平面缝隙为中心线,喷涂宽度为 400mm。混凝土结构自修复工艺示意见图 5.1-12。

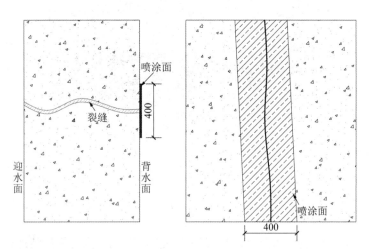

图 5.1-12　混凝土结构自修复工艺示意图(单位:mm)

② 裂缝型渗漏水治理

总体治理程序:裂缝标记及分类→开槽→清洗→封槽→沿缝两侧钻斜孔→清孔→埋设注浆嘴→注浆作业→注浆结束判定→拆管→封孔。

缝隙渗漏水处理：对于缝宽≥0.3mm、渗漏水等级为1～2级的裂缝，首先进行凿槽封填（凿槽宽度50mm、深度30mm），而后采用钻孔注浆方式治理。钻孔注浆具体做法见第5.1.2节第4）项。

根据注浆材料优选评价数据库，结合裂缝宽度合理选用注浆治理材料。

（2）3级渗漏水病害治理

对于渗漏水等级为3级的缝隙，注浆具体做法见第5.1.2节第4）项。

根据注浆材料优选评价数据库，第一循环注浆治理材料选用聚氨酯、第二循环注浆治理材料选用丙烯酸盐，在达到快速注浆堵水目的的同时，保证了浆液的扩散范围，确保了渗漏水注浆治理效果。

（3）4～5级渗漏水病害治理

① 结构裂缝型注浆治理

4～5级裂缝型渗漏水病害的涌水量较大，较多存在于贯通性裂缝、施工缝及变形缝中，若单纯以聚氨酯等注浆材料对抗动水冲刷，则可能造成浆液冲失量大等问题。根据裂缝型渗漏水试验结果，在堵水率相近的条件下，5级渗漏水工况下的注浆治理材料用量约为3级渗漏水工况下注浆治理材料用量的3.1倍。因此需结合堵排工艺，形成4～5级裂缝型渗漏水病害注浆治理技术，见图5.1-13。

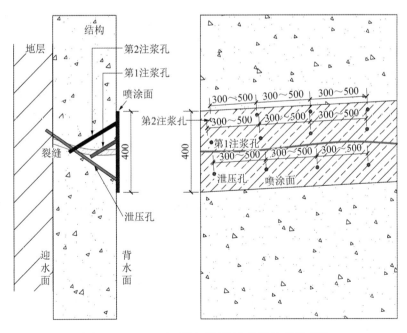

图5.1-13 4～5级裂缝型渗漏水注浆治理示意图

总体治理程序：裂缝标记及分类→沿缝一侧钻泄压斜孔并安装丝扣球阀→沿缝另一侧钻注第1注浆孔→同侧钻注第2注浆孔→泄压孔注浆封堵→注浆结束判定→拆管→封孔。

操作要点：

a. 裂缝标记及分类

清理施工现场和封堵基面，对明显裂缝进行标记，明确其形态走向等特征，以此为基础进行钻孔布设。

b. 泄压斜孔打设

在裂缝一侧打设泄压斜孔，保证泄压斜孔打透结构面且与裂缝相交，其深度不宜进入地层过深。钻孔点与裂缝距离约为200mm，注浆孔距为300～500mm，裂缝断开、分岔的部位应加密钻孔点，且裂缝宽度越窄时注浆孔距越小。泄压斜孔打设完成后，立即安装丝扣球阀。

c. 钻注第1注浆孔

在裂缝另一侧打设第1注浆孔，第1注浆孔深度应保证与裂缝相交，同时不可与泄压孔形成相交关系。钻孔点与裂缝距离约为200mm，注浆孔距为300～500mm，裂缝断开、分岔的部位应加密钻孔点，且裂缝宽度越窄时注浆孔距越小。钻孔完成后安装止水针头，止水针头不能埋设过浅或过深，否则易导致漏浆或浆液无法注入。

钻孔完成后进行注浆作业，注浆材料选用聚氨酯，注浆压力≤0.5MPa，注浆压力在施工过程中根据实际情况实时调整。注浆过程中保证泄压孔丝扣球阀处于开启状态，以起到降低动水冲刷、减少浆液损失、提高注浆效果的作用。

d. 钻注第2注浆孔

在第1注浆孔同侧打设第2注浆孔，第2注浆孔深度应保证与裂缝相交，同时与泄压孔形成相交关系。钻孔完成后安装止水针头，止水针头不能埋设过浅或过深，否则易导致漏浆或浆液无法注入。

注浆过程中保持泄压孔处丝扣球阀开启，若浆液从泄压孔位置溢出，则需关闭泄压孔处的丝扣球阀开关。视渗漏水量大小情况，注浆材料选用丙烯酸盐或聚氨酯，注浆压力≤0.5MPa，注浆压力在施工过程中根据实际情况实时调整。

e. 泄压孔注浆封堵

第2注浆孔钻注施工完成后，打开丝扣球阀处开关进行泄压孔注浆作业。注浆材料优选环氧树脂，其作用主要为渗漏水补充注浆及结构补强。注浆压力≤0.5MPa，注浆压力在施工过程中根据实际情况实时调整。

f. 注浆结束判定

单孔注浆压力逐步升高至设计终压，则继续注浆3min以上，至进浆量小于初始进浆量的1/4时即可结束注浆。注浆作业应连续进行，直至达到结束标准后终止注浆。

g. 拆管及封孔

注浆堵水作业结束且经检查无漏水现象后，拔出止水针头，用水泥砂浆将注浆孔补平抹光，水泥砂浆配比为1∶2。

② 二衬背后注浆堵水治理

若缝隙渗漏水病害表现为涌流及涌流携带泥砂，且4～5级渗漏水病害主要由二衬背后浆液填充不密实引起,则需采用与壁后注浆治理相似的治理措施进行二衬背后注浆堵水。注浆材料为水泥-水玻璃双液浆或掺加速凝剂的水泥浆,以及化学注浆材料,即:首先使用水泥-水玻璃双液浆填充因浆液填充不密实或动水冲刷造成的地层孔洞,再利用化学注浆材料完成裂缝结构局部渗漏水治理。

a. 疏通注浆管

使用电钻疏通二衬结构预留注浆管,钻进深度至二衬与初支结构之间的防水板。确保进入孔洞区域并不得超过结构厚度,最好距离防水板 2~4cm,确保不钻破防水板;若没有预留注浆孔则进行人工钻孔,并进行标记,钻孔要通畅、圆顺、规则且确保不钻破防水板。

b. 注浆堵水

注浆堵水作业与盾构区间渗漏水壁后注浆方法基本一致,堵水注浆材料采用水泥-水玻璃双液浆或掺加速凝剂的水泥浆。

安设连接套管(孔口管):连接套管(孔口管)与预留管(钻孔)及注浆管连接。接风管、水管到达注浆位置,安装注浆设备进行注浆试验,查看有无漏浆漏水,确保注浆过程顺畅。注浆压力控制在 0.2MPa 以内,当注浆压力达到 0.2MPa 或相邻孔出现串浆时即可结束本孔注浆,注浆结束后检查孔口,若发现注浆不饱满即进行第二次注浆直至孔口饱满为止。

c. 注浆效果检测

注浆完成后对该段注浆效果进行检测,若有脱空继续注浆;若无脱空,说明注浆效果达到标准。

d. 注浆顺序

注浆应沿隧道一侧方向顺序开展;一个注浆断面布置 4 个注浆孔,分别位于拱顶、两拱腰及拱底位置,注浆顺序为自下而上,对局部渗漏水严重处应加密注浆点,见图 5.1-14;每隔 10m 布设一个注浆断面,对局部渗漏水严重处应加密注浆断面。

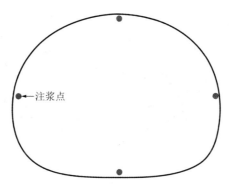

图 5.1-14 注浆点布孔断面图

e. 补充注浆堵漏

隧道结构整体风干后,对剩余渗漏点进行钻孔注浆堵漏作业(图 5.1-15),具体参照 1~3 级渗漏水病害治理方式。

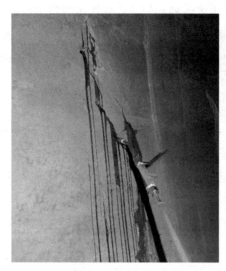

图 5.1-15 剩余渗漏点补充注浆堵漏施工

5.2 聚脲喷涂施工工艺

在实验室进行高耐久性新型聚脲材料施工工艺研究,首先制备 C30 混凝土样板,养护 28d 后进行双组分聚脲喷涂施工。为了验证本项目喷涂式双组分聚脲材料的施工宽容度和在潮湿界面的粘结性能,在试验前,将水泥板在水中浸泡 3d,取出后用吸水纸巾擦干表面水分,然后进行试验。

试验过程如下:

(1)将水泥板放入水中浸泡 3d,擦去表面水分,涂刷环氧底漆并等待 12h 以上使其充分浸透,见图 5.2-1。

图 5.2-1 涂刷环氧底漆

(2)待环氧底漆充分浸透后,涂刷聚氨酯底漆,见图 5.2-2。

图 5.2-2　涂刷聚氨酯底漆

(3) 喷涂双组分聚脲,见图 5.2-3。

图 5.2-3　喷涂双组分聚脲

(4) 进行拉拔试验可见其粘结力超过 3MPa,且发生拉拔头脱胶而聚脲涂层完好无损情况,见图 5.2-4。

图 5.2-4　拉拔头脱胶而聚脲涂层完好无损

5.2.1　聚脲材料防护模型

高耐久性新型聚脲材料的防护效果除了与聚脲材料自身性能和喷涂施工工艺有关以

外，还与聚脲防护涂层的结构有关，更具体来说是与被防护对象的结构有关，需要根据不同被防护对象（建筑物）的结构建立相应的涂层防护结构模型，以便更好地发挥聚脲材料的防护效果，提升建筑物整体防水、防渗性能的可靠性，延长其工程使用寿命。根据建筑物结构形式，可以建立3种聚脲材料防护模型：涂层防护模型、嵌缝防护模型和复合防护模型。

（1）涂层防护模型

涂层防护模型是最为常见、也是适用最广的聚脲材料防护模型方式，其满足所有混凝土建筑物平面（含立面）结构的防水要求。混凝土表面防水、防渗系统，是由具有不同功能的涂层构成的一个防护体系，简单来说可以分为底漆胶粘剂层和面涂层，在实际工程应用中，根据水工建筑物的特殊需要，底漆胶粘剂层又可以进一步分为封闭底漆胶粘剂和找平腻子，面涂层又可以分为防水层和耐紫外老化层，见图5.2-5和图5.2-6。

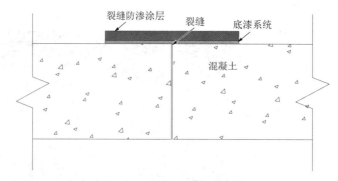

图 5.2-5　聚脲材料涂层模型

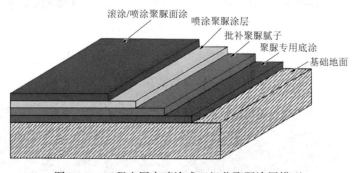

图 5.2-6　工程应用中喷涂式双组分聚脲涂层模型

从宏观上分析，喷涂式双组分聚脲材料是依靠聚脲防水材料粘贴到混凝土表面形成具有良好弹性的防水、防渗薄膜，隔断水与混凝土的直接接触，从而起到防水、防渗的作用。同时，配合喷涂式双组分聚脲材料使用的底漆胶粘剂材料具有良好的渗透能力，可以从混凝土表面孔隙中进入混凝土内部，堵塞混凝土内孔隙，对于存在孔洞的情况，还可以增加防水腻子，封堵孔洞，从而形成一个粘结牢固、疏水的防水涂层，强化了混凝土表面的防水性能，提高混凝土的自防水能力。这种双重屏蔽作用保证了喷涂式双组分聚脲材料在水工建筑物应用中的防水可靠性和有效性。

适用工况分析：涂层防护模型适用于大面积且无宏观裂缝结构的混凝土建筑物防水需

求,例如建筑物屋面防水、游泳池内部防水等。施工时参照《喷涂聚脲防水工程技术规程》JGJ/T 200—2010 进行施工即可。

（2）嵌缝防护模型

当建筑物较长时为避免建筑物因热胀冷缩较大而使结构构件产生裂缝所设置的变形缝。设置伸缩缝时通常是沿建筑物长度方向每隔一定距离或结构变化较大处在垂直方向预留缝隙，将基础以上的建筑构件全部断开，分为各自独立的能在水平方向自由伸缩的部分。基础部分因受温度变化影响较小，一般不须断开。

伸缩缝防水采用嵌缝防护模型，见图 5.2-7，其在伸缩缝内部填充具有良好粘结性能和变形能力的防水材料，适应伸缩缝尺寸的变化，同时保持断面良好的粘结，从而起到防水作用。在伸缩缝迎水方向的上部设置弹性防水填充体，且填充体的底部是向上凸起的拱形或平面形。拱形不仅可以改变受力结构，同时可以节约用料，降低工程成本。考虑到伸缩缝周边混凝土绕渗产生的渗漏，在混凝土结构表面需要一层防渗封闭层。在表面封闭层的两端各开挖一个凹槽，从而可以提高防渗涂层的抗冲耐磨及撕裂能力。图 5.2-8 为水渠混凝土伸缩缝防水施工。

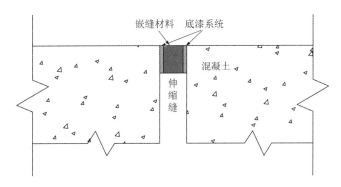

图 5.2-7　聚脲材料嵌缝防护模型

图 5.2-8　水渠混凝土伸缩缝防水施工

适用工况分析：大型混凝土建筑物，例如高铁桥梁，大多需要间隔一定距离设置伸缩缝，在伸缩缝部位的防水结构适用于嵌缝防护模型。嵌缝防护主要是阻止地表水通过伸缩缝渗透到混凝土内部，避免钢筋被腐蚀。

（3）复合防护模型

在水利工程应用中，高耐久性新型聚脲材料常作为混凝土表面的防冲击和磨损层，在含砂的高速水流作用下具有较好的防护效果，并且聚脲材料在施工效率方面具有非常显著的技术优势，喷涂后快速固化和提高强度的能力是其他材料无法比拟的，这将使聚脲在水利工程的混凝土抗冲磨方面具有很大的发展和应用空间。对于水利工程的防水结构而言，其防护模型属于涂层和嵌缝的复合体，即复合防护模型，见图 5.2-9。首先采用粘结强度高、变形量大的聚脲嵌缝材料将伸缩缝进行嵌缝处理，然后在形成的连续表面上进行聚脲材料施工，以形成连续的防水结构。

实际上图 5.2-10 所示为理论化（简化）的复合防护模型，因为在实际施工中需要考虑伸缩缝变形量对聚脲材料涂层的影响，往往需要在伸缩缝位置处预留允许聚脲材料涂层变形的结构——"聚脲空隔层"，以减小因伸缩缝变动对防护涂层的影响，降低聚脲防护涂层由于应力集中而被拉裂的风险。复合防护结构施工案例见图 5.2-11。

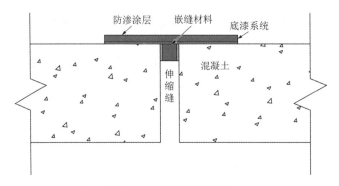

图 5.2-9　复合防护模型

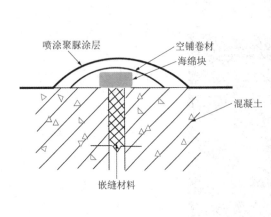

图 5.2-10　施工复合防护模型

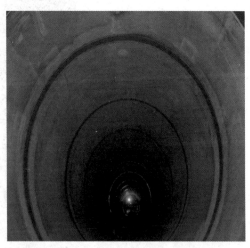

图 5.2-11　复合防护结构施工案例

适用工况分析：复合防护模型是涂层防护和嵌缝防护模型的统一体，可以认为是带有嵌缝结构的涂层防护模型，其适用于设置有伸缩缝结构、需要进行大面积聚脲材料防水层的建筑物防水施工。在实际施工时，需要根据伸缩缝的结构和运行工况，首先对伸缩缝进行嵌缝防护施工，然后形成连续的施工作业面，最后进行连续聚脲材料防水层施工。

5.2.2 聚脲材料施工工艺

根据实验室施工工艺情况和施工效果，在实际工程应用中，推荐采用如下施工工艺进行施工：

1）基层表面处理

基层的坚固密实、干净、干燥、平整程度对聚脲材料喷涂至关重要，这就要求对基层表面进行处理。

（1）首先将基层表面的孔洞、裂缝预先采用专用腻子填平封堵，并打磨至与周围平整度一致。然后将基面打磨的尘土、施工残留水泥浆等杂物彻底打扫干净，用清水冲洗，晾干，必要时用高压风吹干。

（2）基层清理干净后进行干燥程度检测，含水率应不大于 9%。现场简单的检测方法是用方形塑料布四周封边贴在混凝土面上，看是否有水珠凝结。如果混凝土表面水含量过大时，待水分充分挥发后方可进行施工，否则其内部所积蓄的水分在受热后会挥发，导致涂层鼓泡。

（3）施工前，用彩条布对施工现场周围及出屋管道等作业面以外易受施工飞散物料污染的部位进行苫盖遮挡处理，防止聚脲喷涂过程中气雾对其造成污染或影响其他工序作业。

2）聚脲材料专用底漆

屋面防水这一步至关重要，对于比较大的孔洞缺陷，用聚合物修补砂浆填实之后再进行封闭底漆施工。底漆是涂装在混凝土表面，起到封闭针孔、排除气体、用来粘结混凝土基层与聚脲涂层，提高聚脲与基层附着力的一种涂层材料。

在混凝土表面滚涂或刮涂一层聚脲专门的封闭底漆，能够封闭混凝土基层的水分、气孔以及修正基层表面的微小缺陷，确保与混凝土基层及聚脲涂层起到很好的粘结作用，同时聚脲底漆本身就属于聚脲涂层，可以计入设计要求的整个涂层厚度。

专用界面剂采用手持式搅拌器精确配比搅拌均匀，使用喷枪进行喷涂，充分浸润渗透。

3）喷涂底漆后基面检查

仔细检查基面情况，有不平整之处可使用砂纸轻度进行打磨，确保基面孔洞修补完全、无漏涂和明显缺陷，修补砂浆固化完全，基面无颗粒、疙瘩。

4）缺陷修补

基面打磨完成后进行坝面检查，如有缺陷则进行缺陷修补，底漆验收合格后再进行聚脲喷涂施工。

5）聚脲材料防渗涂层施工

底漆全部施工完毕，干燥后即可进行聚脲层施工。施工前，将基层上灰尘及杂物清理干净。聚脲专业喷涂设备在整个聚脲工艺中非常重要，由专业技术人员管理和操作，喷涂作业时，用红外测温仪随时监测喷枪扇面的聚脲温度，保证供料温度不低于15℃。

聚脲防水材料由A组、B组物料组成，B组物料采用气动搅拌器充分搅拌均匀，然后将两组物料输入喷涂专用设备，经过计量、混合、雾化后，连续、均匀地喷射到基层表面上。

聚脲防渗涂层采用喷涂的方式施工，自上而下按条幅进行施工，喷涂前检查基面潮湿程度，检查方法采用简易定性法，喷涂作业的环境温度应大于5℃，正式喷涂前对机子进行调试和试喷，试喷可喷涂1块500mm×500mm、厚度不小于1.5mm的样片，并由施工技术主管人员进行外观质量评价并留样备查，外观质量达到要求后，方可确定工艺参数并正式作业。喷涂时喷枪匀速移动，确保施工厚度均匀，喷射完成后及时对喷射厚度进行检查，检查时可采用快刀切割，用游标卡尺量测，厚度达不到要求的部位需补喷。

聚脲材料涂层时，按设计要求厚度进行喷涂，每遍喷涂时交替改变涂层的喷涂方向，即前后两遍涂层喷涂方向应相互垂直，两遍涂层之间的接缝宽度不小于200mm，每遍施工作业时，按下一道要压过上一道1/2实施喷涂，施工过程中随时用涂层测厚仪检测涂层厚度。当两聚脲喷涂条幅之间喷涂间隔时间超过4h后，需进行搭接处理，搭接宽度为10～15cm。

6）聚脲材料涂层细部及收头处理

聚脲材料涂层在阴角、阳角、贴脚混凝土及其他细部构造处的处理应按设计要求进行，收头处宜采取开槽或打磨成斜边并密封处理的方法。喷涂顺序应先做阴阳角、穿墙管道、变形缝等细部薄弱部位的加强层施工，而后再进行大面积喷涂作业。

聚脲材料涂层1h后，对涂层进行抽测，检测的最小值应符合设计要求，对于厚度不达标、人为破坏点、气孔和针眼处可在规定时间内及时补喷或采用手涂聚脲修补。

如缺陷部位发现离喷涂时间较短（≤6h），则可对缺陷部位表面进行打磨，并清扫干净后直接进行二次聚脲材料防水材料涂层。

如果缺陷部位发现离喷涂时间较长（>6h），则应在缺陷部位（向外延伸150mm）用刮刀清理干净，施作专门的处理剂，然后采用专用修补设备对聚脲材料防水涂料进行修补、刮平，使整个涂层表面连续、均匀、平整。

7）涂层验收

（1）外观质量，涂层连续、无漏涂，不得有气泡、针孔。

（2）用超声波涂层测厚仪检测涂层厚度，平均厚度不低于设计要求，最薄处达到设计厚度的90%。

（3）聚脲材料屋面防水层不得有渗漏现象，通过雨后观察或淋水2h试验检测，屋面不渗不漏为合格。

5.2.3 高耐久性新型聚脲材料技术指标

高耐久性新型聚脲材料的技术指标，见表5.2-1。

新型聚脲材料技术指标   表5.2-1

序号	项目	测试结果	性能要求	试验标准
材料物理性能				
1	拉伸强度/MPa	15.7	≥10	《建筑防水涂料试验方法》GB/T 16777—2008 或《喷涂聚脲防水涂料》GB/T 23446—2009
2	断裂伸长率/%	380	≥300	
3	粘结强度/MPa	3.1	≥2.5	
4	撕裂强度/（N/mm）	42.3	≥40	
5	低温弯折/℃	−35℃、4h 下 180°弯曲无裂纹	≤−35	
6	硬度（邵A）/°	76	≥70	
7	黏度/（mPa·s）	2800	≤5000	
8	不透水性	0.4MPa，2h 不透水	0.4MPa，2h 不透水	
9	吸水率/%	0.05	≤1	100℃水煮 12h
材料使用性能				
1	流平长度/m		≥3	
2	凝胶时间/s	13.5	≥15	
3	表干时间/h	1.7	≤2	
4	实干时间/h	20.5	≤24	
5	适用期/h		≥0.5	
材料耐久性能				
1	NCO 含量/%	28	>17	《适应气候变化脆弱性、影响和风险评估指南》GB/T 2409—2024
2	固含量/%	99.8	>99	《建筑防水涂料试验方法》GB/T 16777—2008
3	B 组分羟值与胺值差的绝对值		≤5	《塑料 聚醚多元醇 第3部分：羟值的测定》GB/T 12008.3—2009

5.3 工程应用

5.3.1 北京地铁某车站和区间渗漏注浆工程

北京某地铁站运营期间的车站和区间均出现不同程度渗漏水现象，根据现场调查情况看，车站和盾构管片均存在不同程度渗漏。主要形式表现为：车站存在顶板及侧墙的点漏、线漏以及面漏，变形缝渗漏，施工缝渗漏等。盾构管片存在自身结构裂缝渗漏、管片拼接渗漏、井接头渗漏等缺陷情况。为了地铁正常运行、确保行车安全，亟须对渗漏部位进行处理。

统计病害数量如下：

（1）结构混凝土表面存在结构裂缝，裂缝 18 处，主要分布在车站两侧边墙上，混凝土表面裂缝宽度在 0.21～0.68mm，裂缝深度在 43～73mm。

（2）结构混凝土表面及变形缝渗漏水严重，车站两侧边墙渗漏形式主要为裂缝及点渗漏，左线裂缝渗漏 39 处、渗漏面 3 处，变形缝渗漏 15 处，右线裂缝渗漏 25 处，变形缝渗漏 13 处，共 95 处，总面积为 332.87m²，分布无规律。

1）渗水原因分析

（1）车站混凝土水化热产生的裂缝：地铁混凝土在凝结和硬化过程中，会释放出大量的热，在外界温度、湿度场的差异与混凝土自身产生的热量场的共同作用下，混凝土将发生收缩变形，出现裂缝。

（2）施工时保护不到位：主体结构与出入口往往不是同时施工，先期施工所埋入的橡胶止水带很容易在后期施工过程中遭到损坏，造成变形缝渗漏。

（3）止水结构缺陷造成的渗漏：如结构缝中遇水膨胀止水条还未完全遇水膨胀，或缓膨剂涂抹不均匀，缓膨剂局部破损时，使已成环管片的止水条遇水后提早膨胀，不能和新拼接管片的止水条形成有效的止水套，造成管片环、纵缝渗水。

2）处理方案

地铁工程结构复杂，一般传统堵漏的工法难以取得根治成效。解决地铁渗漏问题需要全面分析，应贯彻以堵为主、以排为辅、堵排结合、因地制宜、综合治理的原则。

地铁车站的渗漏情况主要为点渗、面渗、施工缝渗漏、裂缝渗漏、变形缝渗漏。不同的渗漏情况分为不同的处理方法。

（1）对点（孔洞）、裂缝、施工缝渗漏水治理，应先止水，再在基层表面设置刚性防水层。

（2）变形缝（含诱导缝）渗漏水治理应先钻孔注浆止水，采用的止水材料应适应结构变形要求，在两道止水带之间注入柔性化学注浆材料。止水带外设置排水空腔，嵌填弹性止水材料。

（3）区间主要存在管片渗漏情况，主要为纵缝环峰、管片崩块、螺栓孔、吊装孔部位渗漏。治理方案应先注浆止水，再在表面基层设置刚性防水层。

3）注浆施工工艺

（1）点渗漏治理

主要的工艺流程为：在湿渍面积渗水区边缘线外 0.5m 范围内钻孔，孔径为 10～20mm，注浆孔深度是衬砌厚度－10cm，孔间距 20cm×20cm；埋设注浆管，用快硬材料封堵；采用压气试验进行检验，确认整个密封工作是否合格，确保后面的注浆一次成功，气压不大于注浆压力 30%；采用双液注浆机，注浆压力 0.3MPa 以内，在设计压力下 10min 结束注浆；注浆完毕后对注浆效果进行检验，检验合格后将混凝土表面清理干净。

（2）面渗漏治理

主要的工艺流程为：沿渗漏边界以外 5cm 以上，用切割机切缝包围渗漏区，尽量呈多边形，缝深不大于保护层厚度；凿除渗漏面表面混凝土至少 2cm，周边稍加深 1cm，以利止水；轻刷基面，用高压水清洗，擦拭干净；钻孔注浆后进行表面抹压聚合物水泥砂浆与周边面齐平。

（3）线渗漏治理

①据裂缝的形成情况，在裂缝、施工缝两侧布孔，孔径 10～25mm，深度一般为衬砌厚度的 1/3，穿过缝面不少于 15cm，间距为 20～40cm。成孔注意以裂缝为中心，垂直墙面，并在裂缝两端收口处间距 5cm 各加设 1 个。

②确定裂缝两端收口位置再延长 15cm 为凿槽截至位置。为确保开槽的完整性，首先用钢碟片切割边界，深 1cm 即可，宽度不小于 8cm，沿裂缝顺着切割边界剔成"U"形沟槽，深度 7cm 左右。

基面用清水、钢刷刷干净，不允许有灰尘、浮渣松散层等杂物。新鲜的混凝土基面要及时封闭。

采用注浆管深入孔内高压水冲洗，反复几次，孔内不允许留有杂物。

注浆管嵌入孔内留足够空间以利于浆液的注入，孔口用快硬材料环向密封固定。

采用纯压式注浆，注浆由裂缝底端开始注入，注浆压力可根据可注性在 0.3～0.8MPa 之间选择。当上孔出浆时，将起注孔扎紧，改由上孔注浆，由下往上，出浆一孔，关闭一孔，直到裂缝顶端孔，将其堵塞后继续稳压 3min，直至整条裂缝充满浆液。

待浆液固化并检查合格后，拆除注浆嘴，封闭注浆口。

（4）变形缝渗漏治理

凿槽埋管进行引排；沿变形缝台阶形切槽连通排水通道；清除槽底杂物；窄槽底部嵌入止水条；外用柔性防水材料封漏；注浆后用防水砂浆等材料封堵并抹平沟槽。

（5）施工缝渗漏治理

清洗槽内杂物，埋设注浆管注浆，环向缝自上而下注浆，如针注后仍有渗漏或存在渗漏隐患之处应凿槽引排。

4）堵漏效果

处理前主要渗漏部位与处理后的主要渗漏部位对比，见图 5.3-1。

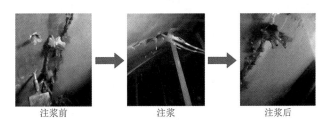

图 5.3-1　注浆前后渗漏部位对比

图 5.3-1 顶棚施工缝属于线渗漏，改性丙烯酸盐浆液凝固后有效地封堵了渗漏水通路。

图 5.3-2 消火栓墙面渗漏水属于面渗漏，经过改性丙烯酸盐浆液注浆处理，墙面干燥不再渗漏水。

图 5.3-2 消火栓墙面渗漏

图 5.3-3 通风道地面渗漏水属于点渗漏，注入改性丙烯酸盐浆液后，地面不再渗水。

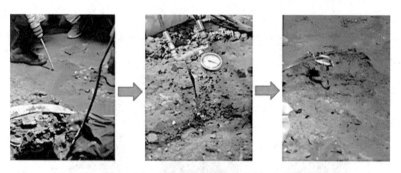

图 5.3-3 通风道地面渗漏

从图 5.3-2 和图 5.3-3 可以清楚地看到，处理试验前点渗明显，渗漏部位霉渍斑斑，钙化点点，经过处理试验后，原处理部位已干燥无渗漏，说明处理效果明显，达到了防渗堵漏目的。

经过渗漏水治理，电梯井渗漏施工后效果见图 5.3-4。

第5章 城市地下工程渗漏水治理施工工艺研究

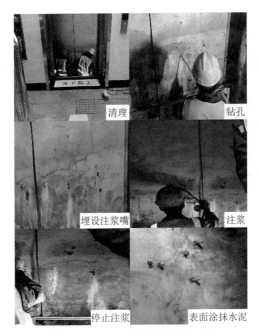

图 5.3-4 电梯井渗漏

图 5.3-4 电梯井渗漏水属于面渗漏，注入改性丙烯酸盐浆液后，墙面干燥不再渗水。

从图 5.3-4 中可知，经过表面处理、钻孔、埋设注浆嘴、注浆等工艺，最后在墙面涂抹上水泥干粉，墙面干燥，说明改性丙烯酸盐注浆材料有效地治理了电梯井渗漏水问题。

5.3.2 北京地铁八通线管庄站地下通道渗漏注浆工程

地铁八通线管庄站地下通道渗漏水属于变形缝渗漏，采用拆掉接水盒、修饰施工缝、安装泡沫棒、安装止水带、用堵漏灵封堵、用冲击钻大孔、安装注浆嘴、注浆等施工工序，见图 5.3-5，成功封堵了变形缝渗漏水。

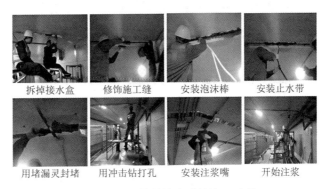

图 5.3-5 注浆封堵变形缝施工过程

从图 5.3-6 可知，变形缝通过注入水溶性聚氨酯和改性丙烯酸盐注浆材料，有效地封堵了渗漏水通道，治理后墙面干燥无水渍。

图 5.3-6　注浆封堵前后对比照

5.3.3　北京地铁 16 号线 20 标盾构区间渗漏注浆工程

北京地铁 16 号线 20 标盾构区间，由于同步注浆浆液填充不密实等原因，管片接缝位置出现多处不同渗漏水等级病害，影响整体工程进度。出于经济性及治理效果等方面考虑，采用盾构区间壁后注浆及接缝堵水施工工艺，取得了理想的渗漏水治理效果。

（1）壁后注浆填充施工

以盾构区间渗漏水位置一侧为起点，利用管片注浆孔进行壁后注浆填充施工。根据现场渗漏水情况，选择合适配比的水泥-水玻璃双液浆或掺加速凝剂的水泥浆进行注浆。每环管片打设 1～2 个注浆孔，注浆孔沿线路走向间距为 2.4m，注浆压力为 0.2～0.5MPa。壁后注浆填充施工现场，见图 5.3-7。

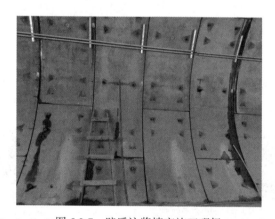

图 5.3-7　壁后注浆填充施工现场

（2）接缝渗漏水注浆施工

盾构区间壁后注浆施工完成、待管片表面连续大面积阴湿干燥后，针对局部管片接缝位置存在的 1～2 级渗漏水病害，首先吹扫清理管片接缝处的遗浆、灰尘等杂质，确认渗漏点位置，然后采用改性丙烯酸盐或水溶性聚氨酯材料进行管片接缝渗漏水注浆治理作业，以保证治理区间内无渗漏点。注浆过程中严格控制注浆压力区间为 0.1～0.3MPa，确保浆液不对管片产生挤压变形破坏，见图 5.3-8。

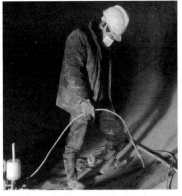

图 5.3-8　接缝渗漏水注浆施工现场

（3）治理效果

盾构区间渗漏水壁后注浆和接缝渗漏水注浆施工完成后，盾构区间治理范围内干燥无复漏，工程现场治理效果，见图 5.3-9。

图 5.3-9　工程现场治理效果

5.3.4　北京地铁 8 号线车站渗漏注浆工程

北京地铁 8 号线地下车站受近年来地下水位上升等因素影响，车站站台轨行区侧墙、出入口人防门后侧墙、机房侧墙等位置均存在不同程度的渗漏水病害。经现场病害调研，渗漏水病害主要由混凝土结构施工缝及裂缝引起。根据渗漏水现场工况及渗漏水病害注浆治理材料优选评价结果，选用聚氨酯及丙烯酸盐作为本次治理工程的注浆材料，其中以丙烯酸盐为注浆主材，针对涌水量较大的漏点，则优先采用聚氨酯进行封堵治理，见图 5.3-10 和表 5.3-1。

渗漏水病害明细　　　　　表 5.3-1

病害位置	裂缝宽度/mm	渗漏水等级	注浆治理材料
站台轨行区侧墙	0.5~1.0	4~5	聚氨酯（主要材料）；丙烯酸盐（补充材料，增大浆液扩散治理范围）
出入口人防门后侧墙	0.3~0.5	1~2	丙烯酸盐
机房侧墙	0.5~1.0	2~3	丙烯酸盐（主要材料）；聚氨酯（辅助材料，涌水量较大时快速堵水）

(a) 站台轨行区侧墙渗漏现场

(b) 出入口人防门后侧墙渗漏现场

(c) 机房侧墙渗漏现场

图 5.3-10 渗漏水病害现场

注浆治理措施及效果

基于 3 种不同渗漏水工况，选取注浆治理材料类型及治理目的如下：

（1）根据相关研究成果，聚氨酯材料在较大涌水量的渗漏水病害工况中优势明显，故站台轨行区侧墙渗漏水注浆治理以聚氨酯材料为主，当涌水量降低至 1~2 级渗漏水病害时，使用丙烯酸盐材料增大扩散治理范围。

（2）出入口人防门后侧墙渗漏量小且面漏情况突出，故直接采用丙烯酸盐材料，保证病害治理效果。

（3）机房侧墙渗漏水整体涌水量较小，可在钻孔过程中遇较大涌水时使用聚氨酯进行临时性封堵，以丙烯酸盐作为注浆材料进行渗漏水病害治理。

3 处渗漏水治理工程均达到了预期效果，渗漏水病害治理后的现场见图 5.3-11。

(a) 站台轨行区侧墙

(b) 出入口人防门后侧墙

(c) 机房侧墙

图 5.3-11　渗漏水病害治理后的现场

5.3.5　北京坝河地下热力管廊渗漏治理工程

（1）工程概况

北京坝河地下热力管廊由北京市政建设集团第二工程处施工建设，该区域因坝河存在，属于富水区域。结构防水以钢筋混凝土结构自防水系统为主，并有施工缝、变形缝、穿墙管等细部防水构造,采用自黏聚合物进行全包防水。

(2)渗漏水情况

根据现场调查情况,其管片与浇筑地面环接处无冒水、涌水情况,但洇湿处较多。由于渗漏水的存在,墙面潮湿、底板积水,现场环境比较恶劣,与使用标准有较大差距。现场可见多次聚氨酯和环氧树脂注浆材料封堵失效的痕迹(图5.3-12)。

图5.3-12 墙面及底板渗漏水

(3)注浆封堵施工及效果评价

注浆采用改性丙烯酸盐浆液和专用双液注浆泵进行注浆,并借助注浆嘴进行压力注浆。为使浆液在有效范围内扩散和凝结,减少浆液浪费,提高注浆效果和注浆功效,孔位设计在裂缝两侧沿缝方向钻孔,孔离裂缝10~20cm处,孔距为15~20cm,重点区域需加密布孔,需要根据实际注浆情况调整布孔位置及间距。为保障注浆效果及浆液使用效率,用ϕ10mm钻头钻孔,设计注浆孔孔深为20~30cm,钻孔倾斜角为45°左右。钻孔完成后,将孔内灰尘清理干净,安装注浆嘴(长度10cm,直径10mm,注浆嘴为复合结构,具备根部膨胀橡胶、嘴部有止回阀、中间为中空高压铝材)。通过已安装好的注浆嘴,采用改性丙烯酸盐进行注浆。注浆顺序由低到高、从左至右或从右至左单方向注浆。注浆完成,待渗漏部位有注浆材料冒出,改性丙烯酸盐注浆材料形成凝胶,敲掉注浆嘴头部,用快凝水泥封堵注浆孔,清理周边多余凝胶体,恢复原貌。

针对不同现场不同原因、不同渗水量的渗漏水问题,通过现场配比试验,分别确定浆液的凝胶时间。对于施工缝渗水量相对较大的部位,将浆液的凝胶时间确定为30s左右,而对于墙面渗水混凝土缺陷造成的渗漏水则增加浆液凝胶时间,将凝胶时间控制在300s左右,保证浆液在细微裂缝内有足够的渗透时间从而对结构裂缝进行有效充填。变形缝及结构缝钻孔时,保证钻杆与结构面呈45°打孔,打孔过程要保证孔洞穿过裂缝,且起钻点与裂缝位置要大于10cm,打孔深度要达到结构厚度的60%~80%。混凝土墙面洇水、渗水时,也可垂直墙面打孔,打孔深度为结构厚度的50%左右,选取10cm的注浆嘴,尽可能提高浆液的渗透范围。

注浆过程见图5.3-13,注浆完成24h后,施工缝、墙面和底板干燥,无目视可见的滴水情况,见图 5.3-14。

图 5.3-13 注浆过程

图 5.3-14 渗漏水治理前后对比

5.3.6 太原地铁 1 号线渗漏水治理工程

(1) 工程概况及渗水情况

太原地铁 1 号线东西向跨越汾河,处在河流富水地段,其地缝、墙体等地均存在不同程度的渗漏水现象,根据现场调查情况看,侧墙及地缝存在点漏、线漏以及面漏,变形缝渗漏,施工缝渗漏等,见图 5.3-15。为了地铁正常运行、确保行车安全,亟须对渗漏部位进行堵漏处理。缝隙产生原因:地铁站施工所用混凝土质量问题;混凝土不是一次浇筑完毕,再次浇筑时和上次浇筑完毕混凝土中间会有极小缝隙;混凝土受自然条件引起钙化腐蚀等。如不能做好防水处理,将给在建地铁隧道带来严重的渗漏水问题。

图 5.3-15 太原地铁 1 号线某车站站台进出口地面及墙面渗漏水情况

(2) 注浆封堵施工

注浆采用改性丙烯酸盐浆液和专用双液注浆泵进行注浆,并借助注浆嘴进行压力注浆。

注浆顺序由低到高、从左至右或从右至左单方向注浆。

针对不同现场不同的原因、不同的渗水量的渗漏水问题，通过现场的配比试验，分别确定浆液的凝胶时间。对于施工缝渗水量相对较大的部位，将浆液的凝胶时间确定为20～30s，而对于墙面渗水混凝土缺陷造成的渗漏水则增加浆液凝胶时间，将凝胶时间控制在300s左右，保证浆液在细微裂缝内有足够的渗透时间从而对结构裂缝进行有效充填。变形缝及结构缝钻孔时，保证钻杆与结构面呈45°打孔，打孔过程要保证孔洞穿过裂缝，且起钻点与裂缝位置要大于10cm，打孔深度要达到结构厚度的60%～80%。混凝土墙面洇水、渗水时，也可垂直墙面打孔，打孔深度为结构厚度的50%左右，选取10cm的注浆嘴，尽可能提高浆液的渗透范围。

见图5.3-16，改性丙烯酸盐注浆材料在进行侧墙底部纵向施工缝注浆堵水时，通过注浆嘴进入施工缝内部的浆液沿着施工缝的渗透距离超过3m，渗入施工缝的水被浆液挤出，随后浆液凝胶与结构紧密粘结形成完整的防水结构。因此，改性丙烯酸盐浆液具有与水相近的渗透系数，且对混凝土、土体等常见的土木工程材料具有浸润性，因此能沿着水的渗透通道进行渗透，通过压力注浆，不仅能充填连续的裂缝，还可以进入混凝土内部的细微裂缝、缺陷，有效解决结构面潮湿、洇水、渗水的情况。

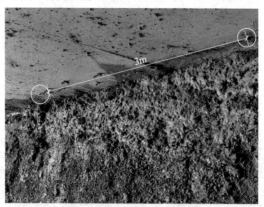

图 5.3-16　浆液的渗透距离

注浆后的混凝土墙面滴水情况停止，逐渐开始干燥，见图5.3-17。注浆完成24h后，施工缝、墙面已经无目视可见的滴水情况。进行二次补浆，补浆主要关注点为前期渗漏水情况较为严重、浆液量较大、注浆压力提升较慢的部位，二次注浆的注浆压力不需要提高太多，根据现场经验，只需提高0%～15%即可满足要求。在使用改性丙烯酸盐注浆施工后

12h 即可看到原本潮湿的墙面开始变干，24h 后墙体表面即可干透。

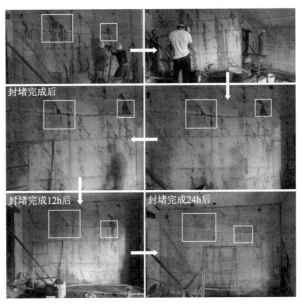

图 5.3-17　墙面渗漏水治理过程及封堵效果

（3）效果评价

采用改性丙烯酸盐注浆施工进行渗漏水治理，封堵效果明显，封堵后墙面干燥，完全满足隧道结构防水等级二级的要求，即结构内无渗、漏水情况，结构表面无洇水、渗水、湿渍情况发生。可以认为，对于地下结构变形缝、施工缝、结构裂缝、混凝土结构缺陷问题造成的渗漏水问题，采用改性丙烯酸盐注浆材料进行渗漏水的治理，均能取得较为理想的效果，见图 5.3-18。

图 5.3-18　渗漏水治理前后对比

采用改性丙烯酸盐注浆材料进行渗漏水治理，所采用的主要机具有双液注浆机、脚手架、冲击钻、钻杆、注浆嘴等，市面上较为成熟的水固化双液注浆机即可满足要求，而其他工具均为常规堵漏施工所需的装备。因此施工机具简单，设备小型化，技术易接受。对地下工程中常见的小型、突发、应急、施工环境复杂等情况下的渗漏水问题，都具有较强的现场适用性和良好的堵漏效果。

5.4 本章小结

（1）注浆治理施工工法：针对地下工程不同工程类型和对应特点，形成了基于不同渗漏水等级的注浆治理施工工法，包括盾构隧道区间渗漏水治理、暗挖隧道区间及地下建筑渗漏水治理等。以此为基础，形成了9种主要地下工程结构部位的渗漏水注浆治理配套施工工艺。

（2）喷涂治理施工工法：基于相关规范和室内试验，总结形成了聚脲喷涂治理施工工法，形成了8种聚脲喷涂治理防护模型，为多种工程类型提供了有益参考。

（3）形成了地下工程渗漏水综合治理技术：建立了基于分级评价和治理方案设计的成套综合治理新技术，即首先采用无损检测技术快速识别渗漏水，然后制定科学的渗漏治理方案（材料、设备、施工工法），最后结合新的施工组织模式来完成渗漏水绿色、安全、高效治理。